网络安全漏洞
信息披露理论与实证研究

熊强 著

镇 江

图书在版编目(CIP)数据

网络安全漏洞信息披露理论与实证研究 / 熊强著
. — 镇江 : 江苏大学出版社, 2021.12
ISBN 978-7-5684-1763-1

Ⅰ. ①网… Ⅱ. ①熊… Ⅲ. ①计算机网络—网络安全—安全管理—研究 Ⅳ. ①TP393.08

中国版本图书馆 CIP 数据核字(2021)第 270194 号

网络安全漏洞信息披露理论与实证研究

著　　者/熊　强
责任编辑/徐　婷
出版发行/江苏大学出版社
地　　址/江苏省镇江市梦溪园巷 30 号(邮编: 212003)
电　　话/0511-84446464(传真)
网　　址/http://press.ujs.edu.cn
排　　版/镇江市江东印刷有限责任公司
印　　刷/广东虎彩云印刷有限公司
开　　本/710 mm×1 000 mm　1/16
印　　张/11
字　　数/208 千字
版　　次/2021 年 12 月第 1 版
印　　次/2021 年 12 月第 1 次印刷
书　　号/ISBN 978-7-5684-1763-1
定　　价/48.00 元

如有印装质量问题请与本社营销部联系(电话:0511-84440882)

前　言

随着信息技术的快速发展和广泛应用，企业、政府部门和事业单位等各类组织建立了各种类型的计算机信息系统，并且通过互联网将这些信息系统紧密联系起来，实现信息的及时共享和有效传递，以便员工、客户、供应商及其他利益相关方依据授权能够在任何时间和地点访问企业信息系统。当前，各类组织的日常运行和管理对信息系统的依赖性日益增强，信息系统所承载的信息和服务安全性越来越重要，信息系统的保密性、完整性、可用性和可追溯性等方面出现任何问题都会给这些组织带来很大的影响。信息系统的安全隐患主要来源于系统自身存在的漏洞和面临的安全威胁，安全威胁通过系统自身的漏洞使系统的安全性遭到破坏，因此降低系统的脆弱性能够有效提高网络环境自身的健壮性，从而更好地抵抗安全威胁。

网络安全漏洞披露已成为网络安全风险控制的中心环节，对于降低风险和分化风险起着至关重要的作用。在网络安全漏洞披露过程中，由于参与主体多元化且存在利益不一致性，经常出现网络安全漏洞披露参与各方之间的不协调，若黑客抓住漏洞披露与回应之间的时间差，利用披露的漏洞信息对目标实施攻击，则会引发信息安全事件。为加强网络安全漏洞管理，工业和信息化部、国家互联网信息办公室、公安部发布了《网络产品安全漏洞管理规定》，中国互联网协会网络与信息安全工作委员会发布了《中国互联网协会漏洞信息披露和处置自律公约》，对信息安全漏洞协同披露过程中各参与主体的责任和权利进行了相关阐述。

本书以网络安全漏洞知识共享为背景，在定义网络安全漏洞等相关概念的基础上，综合运用定性研究和定量研究的方法，对网络安全漏洞披露问题进行了多方面的研究。① 在研究漏洞披露平台、软件厂商与黑客等多方主体参与的演化博弈模型的基础上，进一步分析了漏洞披露平台与软件厂商之间的信号博弈决策；② 通过对漏洞发布数据的收集，分别用 Cox 模型和 fsQCA 方法实证分析网络安全漏洞披露的影响因素；③ 构建漏洞披露平台和多软件厂商之间的序贯博弈模型，分别研究其漏洞信息披露和漏洞补丁研发行为，提出网络安全漏洞披露周期方案；④ 以工业互联网安全为例，运用博弈论方法对工业互联网安全平台“白帽子”的知识共享博弈过程、不同情境下平台和多厂商之间关于漏洞披露周期的博弈过程和漏洞认领后各厂商之间合作开发漏洞补丁的博弈过程进行分析；⑤ 提出相关建议。

本书在编写过程中参考和引用了大量国内外专家学者的研究成果，在此对他们表示诚挚的感谢。同时，本书的编写得到了诸多领导、专家的支持和鼓励，得到了同事和研究生的帮助和支持，其中沈辉辉参与了全书的数理模型和仿真分析内容的撰写，研究生肖广涛、杨欣琦、练帅、朱逸飞、孙丹等参与了大量文献资料整理、数据分析及文字编辑工作，在此一并致以深深的谢意。

限于作者水平，书中难免存在不足之处，恳请广大读者批评指正。

目　录

第1章　绪　论

1.1　研究背景

党的十八大以来，以习近平同志为核心的党中央从坚持和发展中国特色社会主义、实现中华民族伟大复兴中国梦的战略高度，系统部署和全面推进网络安全和信息化工作。“安全”一词的基本含义为“远离危险的状态或特性”，或“客观上不存在威胁，主观上不存在恐惧”。安全问题普遍存在于各领域，无论是人身安全，还是生产安全、财产安全等，都涉及安全问题。安全是最应保障好的公共品，无论是生产安全还是食品安全，无论是国家安全还是网络安全。“没有网络安全就没有国家安全”，网络安全已成为社会公共安全的重要组成部分，而不仅仅是互联网自身的问题。网络安全（cyber security）是指网络系统的硬件、软件及其系统中的数据受到保护，不因偶然的或者恶意的原因而遭受破坏、更改、泄露，系统连续、可靠、正常地运行，网络服务不中断。绝对的零风险是不存在的，要想实现零风险，也是不现实的。计算机系统的安全性越高，其可用性就越低，需要付出的成本也就越大。一般来说，需要在安全性和可用性，以及安全性和成本投入之间作一种平衡。

网络的绝对安全不具有技术上和经济上的可行性。近年来，利用网络安全漏洞实施攻击的安全事件在全球范围内频发，给网络空间安全带来了不可逆的危害，网络安全漏洞披露已成为网络安全风险控制的中心环节，对于降低风险和分化风险起着至关重要的作用。强化网络安全漏洞收集、分析、报告、通报等在内的风险预警和信息通报工作已成为国家网络安全保障的重要组成部分，而国家信息安全漏洞共享平台（CNVD）、补天漏洞响应平台、漏洞盒子等各类第三方漏洞共享平台在其中发挥着重要的作用。

2020年，CNVD共收录通用软硬件漏洞20704个。其中，高危漏洞7420个

(占35.8%),中危漏洞10842个(占52.4%),低危漏洞2442个(占11.8%)。各类型漏洞数量占比与月度数量统计如图1-1、图1-2所示。与2019年漏洞收录总数(16190个)相比,2020年漏洞收录总数增长了27.9%。2020年,CNVD接收"白帽子"、国内漏洞报告平台以及安全厂商报送的原创通用软硬件漏洞数量占全年漏洞收录总数的34.0%。在2020年收录的漏洞中,"零日"漏洞有8902个,可用于实施远程网络攻击的漏洞有16466个,可用于实施本地攻击的漏洞有3855个,可用于实施临近网络攻击的漏洞有383个。

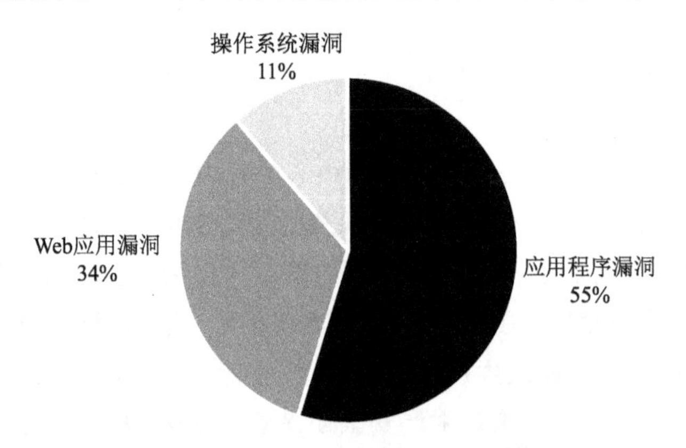

图1-1　2020年CNVD收录的漏洞数量占比(按类型分布)

数据来源:国家互联网应急中心。

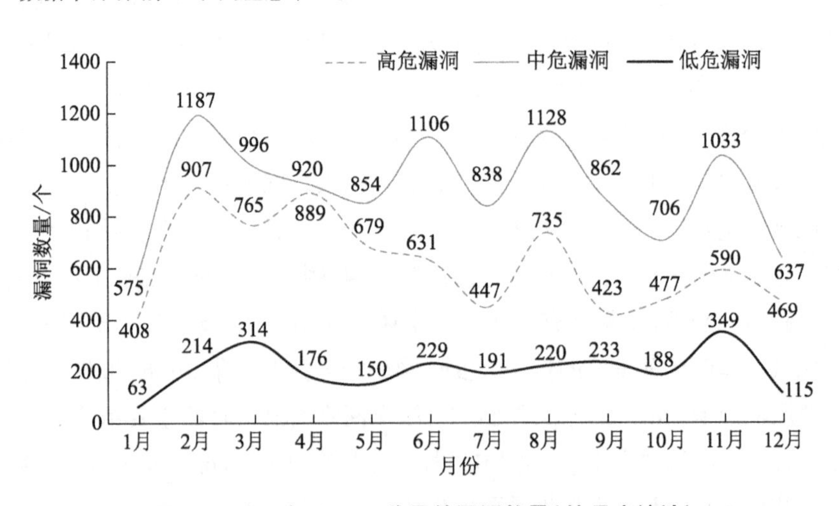

图1-2　2020年CNVD收录的漏洞数量(按月度统计)

数据来源:国家互联网应急中心。

根据影响对象的类型，漏洞可分为应用程序漏洞、Web 应用漏洞、操作系统漏洞、网络设备（交换机、路由器等网络端设备）漏洞、智能设备（物联网终端设备）漏洞、安全产品（如防火墙、入侵检测系统等）漏洞、数据库漏洞。如图 1-3 所示，在 2020 年 CNVD 收录的漏洞信息中，应用程序漏洞占 47.9%，Web 应用漏洞占 29.5%，操作系统漏洞占 10.0%，网络设备漏洞占 7.1%，智能设备漏洞占 2.1%，安全产品漏洞占 2.0%，数据库漏洞占 1.4%。

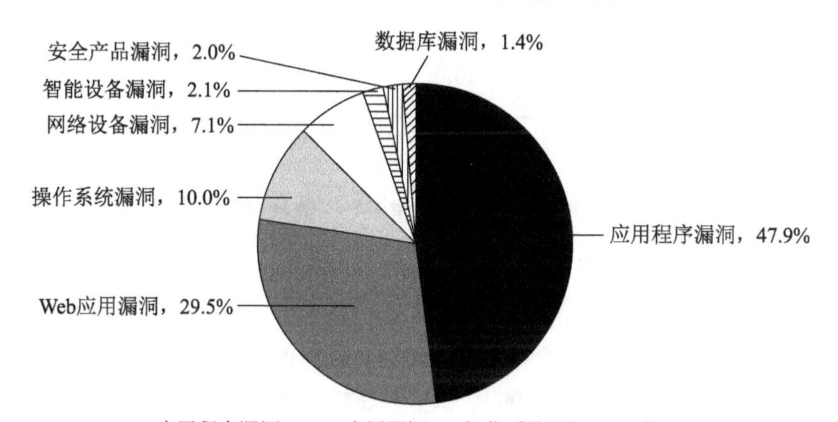

图 1-3　2020 年 CNVD 收录的漏洞数量占比（按影响对象的类型统计）

数据来源：国家互联网应急中心。

2020 年，CNVD 共发布漏洞补丁 11802 个，为大部分漏洞提供了可参考的解决方案。2020 年 CNVD 发布的漏洞补丁数量（按月度统计）如图 1-4 所示。

CNVD 对现有漏洞库进行了进一步的深化建设，建立了基于重点行业的子漏洞库。目前，涉及的行业包括电信行业、移动互联网行业、工业控制系统行业、电子政务行业等。面向的重点行业客户包括政府部门、基础电信运营商、工业控制系统行业客户等。重点行业的客户通过 CNVD 提供的量身定制的漏洞信息发布服务，可有效提高自身的安全事件预警、响应和处理能力。CNVD 行业漏洞库主要通过行业资产和行业关键词进行匹配。2020 年，CNVD 行业漏洞库资产的分布情况如下：电信行业 1515 类，移动互联网行业 143 类，工业控制系统行业 727 类，电子政务行业 170 类。2020 年，CNVD 行业漏洞库关键词的分布情况如下：电信行业 85 个，移动互联网行业 44 个，工业控制系统行业 80 个，电子政务行业 14 个。

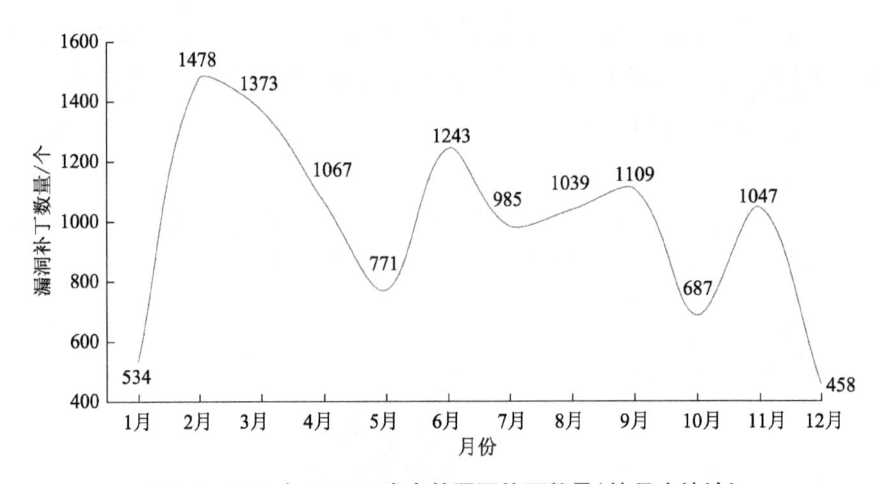

图 1-4　2020 年 CNVD 发布的漏洞补丁数量(按月度统计)

数据来源:国家互联网应急中心。

2020 年,CNVD 共收录电信行业漏洞 1039 个(占总收录数量的 5.0%),移动互联网行业漏洞 1665 个(占 8.0%),工业控制系统行业漏洞 706 个(占 3.4%),电子政务行业漏洞 209 个(占 1.0%),区块链行业漏洞 312 个(占 1.5%)。2013—2020 年,CNVD 共收录电信行业漏洞 6031 个,移动互联网行业漏洞 9657 个,工业控制系统行业漏洞 2608 个,电子政务行业漏洞 1695 个。2013—2020 年 CNVD 收录的各行业漏洞数量如图 1-5 所示。

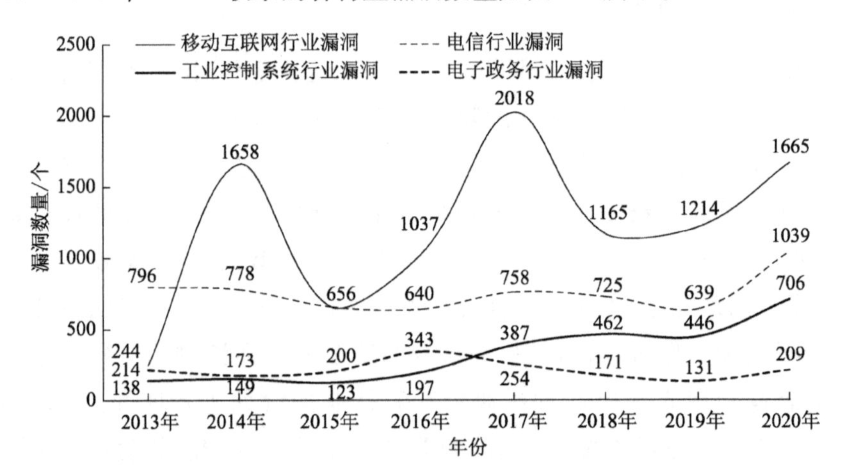

图 1-5　2013—2020 年 CNVD 收录的各行业漏洞数量

数据来源:国家互联网应急中心。

2018 年,习近平总书记在全国网络安全和信息化工作会议上指出:没有网络安全就没有国家安全,就没有经济社会稳定运行,广大人民群众利益也难以得到保障。要树立正确的网络安全观,加强信息基础设施网络安全防护,加强网络安全信息统筹机制、手段、平台建设,加强网络安全事件应急指挥能力建设,积极发展网络安全产业,做到关口前移,防患于未然。这为加快推进网络强国建设指明了前进方向,提供了根本遵循。

当前,信息技术在我国政治、经济、文化及社会生活等方面的重要性日益凸显,与此同时,信息化的迅猛发展也带来诸多网络安全威胁等伴生性问题。例如,针对重要信息系统、基础应用和通用软硬件漏洞的攻击频发,漏洞风险向传统领域、智能终端领域泛化演进,导致网站数据和个人信息泄露现象依然严重,移动应用程序正成为数据泄露的新主体。近年来,全球范围内频发利用网络安全漏洞实施的攻击,如信用评级机构 Equifax 未按时修复漏洞导致多个国家居民的社会保险号和信贷详细信息被清除、万豪酒店遭受网络攻击使 500 万名客户的信息泄露、黑灰团伙利用拼多多过期优惠券漏洞盗取数千万元平台优惠券进行不正当谋利、富士康公司设备遭受黑客攻击并被索要 2.3 亿元赎金等。据统计,专业编码员每编写 1000 行代码就会产生 100~150 个错误,而目前使用的大多数操作系统包含数百万行代码(例如:Linux 系统代码超过 1500 万行;Windows 8 系统代码超过 5000 万行)。复杂的软件程序中几乎普遍存在网络安全漏洞问题,发现漏洞后应该由谁披露、怎样披露、何时披露等问题变得日益复杂且重要。漏洞披露制度不同,不仅仅会对用户、厂商、漏洞发现者等利益相关方造成具有很大差异的影响,更会对国家安全、企业利益及个人隐私产生深远影响。实践中,网络安全漏洞披露表现为不披露、完全披露、负责任披露、协同披露等类型。Laakso 和 Cavusoglu 等指出,漏洞发现者、第三方漏洞共享平台和软件供应商等之间必须协同处置漏洞问题,即协同披露。

为贯彻落实《中华人民共和国网络安全法》,加强网络安全漏洞管理,工业和信息化部、国家互联网信息办公室和公安部联合发布了《网络产品安全漏洞管理规定》,中国互联网协会网络与信息安全工作委员会发布了《漏洞信息披露和处置自律公约》,对信息安全漏洞协同披露过程中各参与主体的责任和权利进行了相关阐述。随着安全漏洞协同披露越来越得到政府及相关组织的支持和倡导,美国卡耐基梅隆大学软件工程研究所 CERT(计算机应急响应小组)部门发布了《CERT 漏洞协同披露指南》。协同披露机制在负责任披露的基础上引入了协调者,协调者通常在各方利益相关者之间扮演信息传达或信息经纪人的角色。除了选择向厂商报送漏洞外,漏洞发现者还可以将漏洞信息报告给协调者。常见的协调者包括:① 国家级 CERT,如中国的 CNNVD(国家信息安全漏洞库)和 CNVD,美国的 CERT,日本的 CERT;② 大型厂商的产品安全应急响应团队(PSIRT),如 360 公司的补天漏洞响应平台,以及微软、苹果、思科、英特尔等大厂商自己内部的 PSIRT;③ 安全研究组织,如政府机构和学术研究团队;④ 漏洞赏金和商业中间平台,如 HackerOne 等众测平台;⑤ 非政府性质的信息共享和分析组织及平台。协同披露重视各方之间共享漏洞信息、协同合作,这有利于保护用户信息权益,以及维护社会稳定和国家安全。

1.2 研究的问题及其意义

1.2.1 问题的提出

由于各参与主体(软件开发商、软件应用商、正常用户及黑客等)有不同的行为决策规则,因此对于第三方介入的网络安全漏洞共享平台而言,若漏洞信息的披露范围、披露时序等方面的管理机制不健全,则可能会加速安全风险的扩散。例如:2016 年,我国某“白帽子”披露世纪佳缘网站漏洞引发刑事立案。2017 年 3 月,官方发布 S2-045 漏洞,黑客通过补丁逆向分析获得该漏洞的利用方法,并在互联网快速传播,由于漏洞风险信息未提前向国内网络安全主管部门和应急组织报告,致使党政机关、重要行业单位网站在未获得有效应急时间窗口的情况下受到大规模攻击威胁。2017 年 5 月,WannaCry 勒索病毒全球攻击事件引发微软等厂商对美国政府机构未披露漏洞行为的严厉批评。2017 年 6 月,网易向未经授权擅自公开披露漏洞细节的某“白帽子”发布公开声明,国家信息安全漏洞共享平台公告称:因漏洞的不当披露引发党政机关和重要行业网站受到大规模攻击威胁。2017 年 7 月,国家信息安全漏洞共享平台公告称:2016 年 4 月,官方发布 S2-032 漏洞,不到一周,发现漏洞的国内安全厂商就公开了漏洞的详细分析情况,致使黑客利用代码发起大规模攻击。因此,安全漏洞合法披露主体、合法披露程序、不当披露法律后果等问题成为法律和行业界共同关注的焦点。

2018 年 4 月,习近平总书记在全国网络安全和信息化工作会议上再次强调:没有网络安全就没有国家安全,维护网络安全,首先要知道风险在哪里,要建立统一高效的研判处置机制,准确把握网络安全风险发生的规律、动向、趋势。因此,需要从理论层面系统探讨多元主体网络安全漏洞处置合作过程中因披露行为不当而引发的漏洞披露风险问题。

相比于早期单一的企业信息安全管理,当前网络安全漏洞披露管理中出现的多主体、多因素、关联性等特性使得企业信息安全防御体系松散、复杂且十分脆弱,因而网络安全漏洞披露管理中各主体协同参与、共同治理网络安全的这一趋势得到了业界和理论界的普遍认同。安永大中华区信息科技风险与审计咨询服务合伙人阮祺康建议,将信息安全战略与企业战略相联系,深入了解企业所面临的内外部安全环境,从企业自身、第三方安全服务商及政府行业组织等多层面实施安全协同治理,以有效提升整体系统的安全性。

当前,针对网络安全漏洞披露中各参与主体之间在不同情境下如何具体地协同治理的理论研究较为缺乏,主要存在以下几个问题:影响网络安全漏洞披露的安全因素更为复杂,除了涵盖个体组织管理中的因素以外,组织间的因素会对驱动网络安全漏洞披露及治理产生哪些正面或负面的效应,可以通过哪些模式开展?在第三方网络安全漏洞信息共享平台介入情境下,如何针对参与主体的行为决策规则的变化?如何优化网络安全知识共享机制、披露机制的设计,更为有效地协同各参与主体控制安全风险的扩散?

总体而言,信息技术在企业管理中的应用越来越广泛,同时面临的网络安全形势也越来越严峻,这需要所有的参与主体协同治理。显然,这是一个兼具理论意义和现实意义的复杂问题,因为它既要分析外界信息安全环境,又要考虑安全管理行为,既要考虑单一组织安全最优化,又要考虑社会效益整体优化。

1.2.2 研究意义

安全和发展是一体之两翼、驱动之双轮:安全是发展的保障,发展是安全的目的。Mitra 和 Ransbotham 指出,在既定事实的信息安全技术前提下,通过有效的漏洞知识披露共享,切实提高安全管理水平成为提升信息安全水平的重要途径。本书选择网络安全漏洞信息披露作为研究对象,在审视安全形势和威胁、分析网络安全性和经济性要求的基础上,对网络安全漏洞披露各参与主体的参与行为进行分析,并进一步通过实证分析网络安全漏洞披露的影响因素,研究披露机制对参与主体的网络安全行为决策的影响,优化网络安全漏洞披露机制的设计，最后以工控网络安全漏洞为例研究其漏洞共享和修复决策，更为有效地协同各参与主体控制安全风险的扩散，以期为网络安全漏洞披露等实践提供理论支持。

1.3 研究方法

本书采用的研究方法主要如下：

(1) 文献研究法。通过对网络安全、网络安全漏洞、网络安全漏洞披露等相关概念、特征以及国内外关于网络安全生命周期的研究成果进行归纳总结，深入了解本书所涉及的研究范围，从而为探讨网络安全漏洞披露及治理奠定研究基础。

(2) 实证研究法。当前运用实证研究法分析信息系统安全的文献越来越多，学者们采用问卷调研的方法来获取相关数据。为提升数据质量，本书以国家信息安全漏洞共享平台为数据来源，利用网络爬虫从国家信息安全漏洞共享平台上抓取漏洞基本信息数据，包括漏洞的名称、关注度、严重度、攻击类型、广泛度(影响产品数量)、漏洞报送时间、漏洞公开披露时间、补丁发布时间。

(3) 博弈论方法。本书所采用的博弈论方法主要有演化博弈、信号博弈及序贯博弈。运用演化博弈论方法，主要研究网络安全漏洞共享平台信息披露过程中多元参与主体行为策略博弈演化过程，系统考察网络安全漏洞共享平台信息披露策略的影响因素，分别建立临时团队内“白帽子”之间的安全知识共享、不同情境下平台和厂商的安全漏洞披露策略以及厂商之间合作开发漏洞补丁的数学模型，研究多元参与主体在博弈过程中的行为策略，探究关键影响因素。运用信号博弈论方法，构建第三方漏洞共享平台和软件厂商的博弈模型，分析不同均衡状态的成立条件及其影响因素。运用序贯博弈论方法，以漏洞披露过程中第三方共享平台和软件供应商等参与主体为研究对象，研究分析不同条件下各参与主体的漏洞披露策略。

(4) 定性分析法。定性比较分析是一种以案例为导向而非以变量为导向的研究方法。张明和杜运周从分析技术层面和研究方法层面完整地解析了定性比较分析在组织和管理研究中应用的可行性，其中模糊集定性比较分析(fuzzy set qualitative comparative analysis, fsQCA)方法在研究“联合效应”和

“互动关系”时颇具优势。因此,本书在识别软件厂商补丁发布行为单个影响因素的基础上,采用 fsQCA 方法分析各因素对补丁发布行为的“联合效应”及各因素之间的“互动关系”,借此总结归纳影响软件厂商补丁研发行为的因素组合。

(5) 定量分析法。结合定性分析,利用网络爬虫抓取的数据进一步做定量研究,主要包括生存分析(survival analysis)和定性比较分析(qualitative comparative qnalysis, QCA)。生存分析是研究生存现象和响应时间数据及其统计规律的现代统计分析方法。该方法可以将事件发生的结果和出现此结果所经历的时间结合起来研究,在时间分布不明确、存在大量失访数据时具有明显优势。本书主要运用生存分析中的一个重要模型——比例风险回归模型(proportional hazards model,又称 Cox 模型)进行分析。在系统耦合性影响因素研究过程中,需要同时考虑补丁发布时间与补丁发布结果,既要包含生存时间,又要包含生存结果,因此采用生存分析法进行实证分析。

1.4 研究内容

本书结合国内外学者的研究成果,主要探索了网络安全漏洞披露机制,并提出了管控网络安全漏洞披露风险的治理策略,主要内容和逻辑结构如下:

第 1 章:绪论。重点介绍本书的研究背景以及当前在网络安全漏洞披露中存在的问题,提出主要研究内容。

第 2 章:基础理论及文献综述。重点围绕信息安全经济学、网络安全资源配置研究、网络安全漏洞风险及披露研究、网络安全治理研究等方面展开论述,为后续章节做好理论铺垫。

第 3 章:网络安全漏洞披露概述。阐述网络安全、网络安全漏洞、网络安全漏洞披露及漏洞评价等相关概念,对当前我国网络安全漏洞披露规则和美国网络安全漏洞披露规则进行对比研究。

第 4 章:网络安全漏洞披露行为博弈分析。基于多主体视角,分析黑客、网络安全漏洞共享平台、软件厂商等多主体行为策略的演化过程,构建网络安全漏洞共享平台、软件厂商及黑客之间的三方行为决策博弈模型以及软件厂商和共享平台间的信号博弈模型,并对模型进行分析和数值模拟。

第 5 章:网络安全漏洞披露影响因素实证分析。通过对当前信息安全漏洞产业披露及修复过程的解构,构建漏洞披露与补丁发布耦合关系模型,分别采用Cox模型和fsQCA方法探析第三方漏洞共享平台介入下系统耦合性的影响因素,通过实证分析识别关键因素。

第6章:网络安全漏洞披露周期设计。基于网络安全漏洞披露平台和多家软件厂商之间的博弈,分别设计软件厂商软件漏洞补丁的披露策略和网络安全漏洞共享平台漏洞信息披露策略。

第7章:工业互联网漏洞生命周期管理策略分析。运用博弈论方法分别对工业互联网安全平台"白帽子"的知识共享博弈过程、不同情境下平台和多厂商之间关于漏洞披露周期的博弈过程和漏洞认领后各厂商之间合作开发漏洞补丁的博弈过程进行建模,并分析求解。

第8章:政策启示与研究展望。针对本书有关网络安全漏洞披露的研究结论,提出相应的政策建议及研究展望。

1.5 创新点

通过研究,本书的主要创新点如下:

(1) 系统考察网络安全漏洞共享平台信息披露策略的影响因素。研究结果表明:不同参数初始值对厂商、共享平台及黑客等三方博弈结果存在显著差异,软件质量越差,平台越倾向于"公开披露"策略;漏洞发现者的收益对软件厂商"注册会员"倾向产生积极影响,对黑客的"努力攻击"倾向产生负面影响;随着披露成本的增加,平台更倾向于采纳"封闭披露"策略;若预期损失过大,则软件厂商倾向于"注册会员"策略。

(2) 分析第三方漏洞共享平台和软件厂商在信号博弈过程中不同均衡状态的成立条件及其影响因素。研究结果表明:由于参与协同披露双方信息的不完全性,第三方漏洞共享平台和软件厂商的信号博弈存在两种精炼贝叶斯均衡——分离均衡和混同均衡,均衡状态主要与保护期时间和市场上积极研发补丁的软件厂商的存在比例有关。

(3) 通过对当前信息安全漏洞产业披露及修复过程的解构,构建漏洞披露与补丁发布耦合关系模型,探析第三方漏洞共享平台介入下系统耦合性的影响因素,通过实证分析识别关键因素。研究结果表明:漏洞关注度、外部攻击类型以及补丁发布与漏洞信息公开披露顺序这三个变量对厂商补丁发布时间有显著影响。其中，补丁发布与漏洞信息公开披露顺序的影响最大，而漏洞的严重程度和影响软件产品的数量对厂商补丁发布时间无显著影响。进一步运用 fsQCA 方法，针对漏洞严重度、关注度、广泛度和攻击类型这四个要素披露对软件厂商补丁发布行为的混合影响效应进行分析和研究，得到三个补丁发布前因组态和三个补丁不发布前因组态。

(4) 运用序贯博弈论方法，研究分析不同条件下第三方漏洞共享平台各参与主体的漏洞披露策略。研究结果表明：研发成本、声誉损失、市场占有率、黑客行为等因素影响软件供应商漏洞补丁披露和第三方漏洞共享平台漏洞信息披露，综合不同条件组合得出软件供应商和第三方共享平台的漏洞披露策略矩阵。

(5) 运用博弈论方法，分别对工业互联网安全平台“白帽子”之间的知识共享博弈过程、不同情境下平台和多厂商之间关于漏洞披露周期的博弈过程以及漏洞认领后各厂商之间合作开发漏洞补丁的博弈过程进行建模，并分析求解。工业互联网安全平台中，知识共享量、固有知识量、知识增值率、安全知识漏洞转化率、团队平均漏洞奖励率和获得团队奖励的概率等因素对临时团队中“白帽子”的安全知识共享策略产生正向影响；高安全知识共享成本则会降低“白帽子”的知识共享意愿。作为网络安全漏洞处理的主体，厂商对漏洞的容忍度主要受制于市场占有率、漏洞补丁开发时间成本收益率、黑客的攻击能力以及漏洞初始发现时刻等因素；工业互联网安全平台的披露周期则与黑客的攻击能力、漏洞补丁开发时间成本收益率及漏洞发现时刻等因素有关。完全披露前，黑客发起进攻的概率越大，合作开发漏洞补丁的成本越高，工业厂商选择合作开发漏洞补丁策略的概率就越小；共享补丁的吸收率、安全补丁数量和漏洞补丁溢出率、入侵成功的概率、完全披露后黑客攻击能力提升倍数、黑客入侵成功造成的损失、厂商“搭便车”造成的潜在损失等因素则会对工业厂商选择合作开发漏洞补丁策略产生积极影响。

第 2 章　理论基础及文献综述

目前,根据网络安全形势、安全性和经济性的要求以及网络安全漏洞运用特点和要求,对网络安全漏洞披露的研究还不是很多,理论基础尚不健全,但在信息系统安全资源配置、网络安全治理等相关领域已经开展了一系列的研究,取得了多方面的研究成果,为本项目研究的开展创造了良好的条件。

2.1　信息安全经济学

近几年,信息系统管理专业在国际上出现了一个新的研究领域——信息安全经济学。作为一个迅速发展的新的研究领域,信息安全经济学在国内外受到越来越多学者的高度重视,已经有一些成果发表在 *Science*、*Management Science*、*MIS Quarterly*、*Information Systems Research* 等国际顶级学术期刊上。2006 年,Anderson 和 Moore 在 *Science* 上发表了一篇文章,对"信息安全经济学"进行了明确定义:信息安全经济学是以管理与经济学理论为基础,从经济活动的视角考察信息系统安全管理,通过综合运用技术和管理等多种策略研究信息系统安全问题,最终实现信息系统安全资源的优化配置。

一个普遍的观点是,信息安全最终归结为技术措施。然而,现实情况可能更为复杂,有几个潜在的因素导致了硬件、软件和服务漏洞的持久性,这些因素不仅与漏洞本身的性质和固有特征相关,也和信息安全的经济特征相关。因此,对漏洞披露进行经济学分析需要理解信息安全环境的基本经济学概念。

1968 年,美国学者哈定(Garrit Hadin)在 *Science* 上发表了一篇题为 *The Tragedy of the Conmons* 的文章,提出了"公地悲剧"的概念。对于人们共同分享的、有限的资源,很容易出现开发(或消耗)逐步升级或增长的态势,这时就容易陷入"公地悲剧"的陷阱。当存在一种公共资源时,每个使用者都可以从这种资源的使用中直接获利,使用得越多,收益越大,但过度使用的成本需要由所有人分担。在这种情况下,理性决策者只会考虑自身的回报,而不考虑其他人的回报。因此,如果个体的行为仅为了实现即时的个人利益,而公共资源有被破坏或耗尽的风险,那么,长此以往,所有相关方的利益都将遭到损害。

信息安全常常被认为是一种“公地悲剧”。在信息安全领域,分布式拒绝服务(distributed denial of service,DDoS)便是“公地悲剧”的例证。由于 DDoS 攻击可以使很多的计算机在同一时间遭受到攻击,使攻击的目标无法正常使用,因此该攻击一旦出现就会导致很多大型网站无法进行操作,这样不仅会影响用户的正常使用,还会造成巨大的经济损失。一个完整的 DDoS 攻击体系由攻击者、主控端、代理端和攻击目标四部分组成。这些攻击利用大量受损设备产生足够的流量,导致服务不可用,而终端用户可能会受到攻击的影响(如不能访问一个他们愿意访问的网站),但他们既不是攻击的主要目标,也不负责承担任何预防攻击或恢复服务的费用(通常由服务提供者承担)。理论上,如果终端用户的设备足够安全,那么这些类型的攻击就会失效。在理想世界和有效市场中,终端用户基于公共利益理应增强设备的安全性,但由于缺乏个人激励或法律规制,理性个人不会为了公共利益而损害个人利益,如为终端设备付费。由此,当前环境下也衍生出一些发现漏洞却拒绝承担责任的公司,这些公司因为无需为其产品或服务中的漏洞承担法律责任,所以不会参与漏洞奖励计划。

1. 信息安全网络效应

网络效应是指随着使用同一种产品或服务的用户量的增加,每个用户从消费此产品或使用此服务中获得的效用就越大。以电话为例:如果别人都没有电话,那么自己拥有电话显然毫无用处,因为人们不能用它实现最主要的目的——通信。然而,随着越来越多的人开始购买电话,电话对所有拥有者来说都变得越来越有价值,因为有越来越多的潜在电话用户可以联系。

信息安全市场上的网络效应也较为显著,更多利益会随着产品或服务的用户量的增加而产生:更多的资源被用于其开发和维护,产生更多的信息产品,更多的资源投入被用于保障安全性。除了上述正面效应,网络效应同样具有负面性:更庞大的网络也更加复杂,节点增多、链接增加也扩大了潜在的攻击面,广为人知的产品和服务也将受到恶意行为主体更多的“关注”。

除用户量之外,软硬件或服务的价值还取决于两个因素。其一,根据微观经济的一般逻辑,软硬件的开发通常具有较高的固定成本和逐渐降低的边际成本。其二,用户若更换转换技术或服务供应商,通常面临高成本和其他障碍,这就是所谓的"锁定"。因此,这些类型的市场大大有利于早期进入者。考虑到缩短进入市场的时间能够获得巨大的商业优势和经济回报,企业在进入市场时会更多地考虑缩短上市时间而非提高产品的安全性,最终使产品或服务的安全性降低。

2. 信息安全外部性

在信息安全市场中,外部性是指市场交易中的产品或服务对第三方(即不是买方或卖方)产生的影响,而这种影响并没有体现在市场价格中。以"开车"为例:对于驾驶者而言,拥有一辆汽车存在明显的内部成本(如买车、保险、汽油的支付费用);对于没有参与汽车购买与销售的人而言,则存在着广泛影响社会生产的外部成本(包括温室气体排放、空气质量下降和拥堵加剧)。

处处存在的信息安全市场的外部性可能对信息安全市场的行为产生重大影响。由于软件市场典型的竞争性和相对的全球性,厂商为抢占市场而重点关注诸如开发、营销等内部成本,可能会被减少如安全等非必要功能的成本所激励,出现"重应用、轻安全"的现象。不同于其他产品,软硬件中的软件组件能够在发布和销售后再修补漏洞,因而供应商倾向于选择优先考虑最小化内部成本和缩短上市时间,而非注重软件的质量和安全性。然而,部署不安全的产品或系统可能会产生严重的社会影响,如直接的经济损失、数据保护问题、隐私或声誉受损等,这些外部性对漏洞披露也有直接影响。

3. 软件厂商倾销行为

与外部性密切相关的概念是责任倾销。在信息安全方面,责任倾销是指软件厂商将责任负担转移给市场内的其他参与主体。许多厂商持续开发和发布不安全软件的原因在于,他们无需为产品漏洞产生的后果负全部责任,而是将责任和成本转移给其他行为者。由于市场中存在不同的行为主体,因而由谁承担何种责任尚未达成明确的共识。

在信息安全市场的行为主体不承担安全责任的情况下,厂商在信息安全方面的投入不足,特别是承担网络安全事故成本的投入。

责任倾销往往与成本有关。漏洞被识别后可能会产生两种类型的成本:

一种是漏洞被利用后可能产生的潜在成本；另一种是识别、测试和推出适当的网络安全补救措施产生的修补成本。

4. 信息安全市场选择的次优性

信息安全市场知识的缺乏或可变性导致信息不对称和逆向选择的存在。信息不对称存在于特定市场中的买方或卖方对所售商品或服务的了解多于另一方，这可能导致获得信息更少的一方在交易中做出次优选择，最终影响市场的整体质量。例如，在二手车市场上，卖家和买家之间存在着信息的非对称性，只有卖家知道车的真实质量。由于买家不愿意支付高价而得到一辆低质量的汽车，导致二手车市场整体价格下降；同时，拥有高质量汽车的卖家不愿意以较低的价格出售汽车，最终造成高质量的二手车退出市场。

信息安全市场中也存在由信息不对称驱动的逆向选择。一般用户在决定使用或购买软件、硬件或服务时，会受到若干因素，如价格、使用便捷性、安全性、所提供服务的价值等的影响。用户常常需要权衡价格、便捷性和安全性，例如在使用金融行业的应用软件时更加关注安全性，而在使用智能手机的应用软件时则更加重视便利性。

软件供应商常常出于营销目的而宣称其产品或服务的质量安全水平较高，但缺乏信息与技术知识的消费者并不能对产品或服务的质量安全水平做出准确评估。因此，消费者可能不愿意为软件厂商所提供的有额外安全功能但价格高于其他同类产品的产品付费。针对这一特殊问题，软件供应商可以利用第三方权威机构对软件产品或服务进行信息安全认证或评估，并以此作为软件用户购买决策的参考依据。消费者对安全性重视的相对缺乏可能会为供应商和服务提供商将便利性和价格凌驾于安全性之上的行为提供动机，导致供应商没有动力在软件产品或服务的安全性上投资更多，从而将安全性更高的软件产品或服务挤出市场。

5. 信息安全市场道德风险

信息不对称是道德风险存在的先决条件。在信息不对称的情况下，不确定或不完全合同使得负有责任的行为主体不承担其行动的全部后果，在最大化自身效用的同时，做出不利于他人的行为决策。

在信息安全市场中，道德风险是指信息安全市场的决策者做出高风险决策，行动者可能会受到激励，接受比社会最优风险更多的风险，因为他们认为，如果风险实现，相应的后果会由其他人来承担。马里兰大学的研究表明，在其他参与者的安全选择之间存在相互依赖的情况下，普通用户在确定最佳安全策略时面临重大挑战，这可能会导致安全策略失败。例如，一个企业用户出于好奇打开可疑电子邮件中的链接，他认为企业的安全政策会保护他的信息安全，而没有意识到这种行为可能会给其他用户带来风险。

上述的经济概念与漏洞披露直接相关，漏洞披露发生在信息安全市场中，市场的经济特征也体现在漏洞披露的经济考虑上，这些经济概念和特征也可能对漏洞披露过程的特定部分产生特定后果。

2.2 网络安全资源配置研究

网络安全存在经济性分析，而经济学研究首先是对稀缺资源优化配置的研究，在信息安全经济学领域也同样如此。网络安全资源优化配置主要依据传统资源配置理论展开，当前在网络安全管理中所涉及的资源主要有技术资源和经济资源等。

2.2.1 网络安全技术优化配置策略研究

目前，已经得到广泛运用的网络安全技术较多，如入侵检测系统（intrusion detection systems，IDS）、入侵防御系统（intrusion prevention system，IPS）、防火墙等，不少企业为了提升网络安全性而同时运用多种安全技术。由此，如何通过优化安全技术配置提升应用成效成为信息安全经济学领域的重要研究问题之一。

首先，对单一安全防御技术的优化配置进行研究。现有的研究主要关注入侵检测系统（IDS）、入侵防御系统（IPS）及漏洞补丁管理等网络安全技术。Alpcan 应用非零和博弈模型与非合作动态博弈模型，分析了黑客入侵时入侵检测系统（IDS）在检测过程中的博弈行为。Cavusoglu 和 Raghunathan 分别基于决策理论和博弈论建立了两个模型，用于分析企业运用入侵检测系统（IDS）防御攻击时的参数设置。研究发现，在大多数情况下企业应用博弈论做出的决策要优于应用决策理论做出的决策。Cavusoglu 还运用动态博弈理论建立模型，分析企业和入侵者之间的博弈关系，研究企业是否该采用入侵检测系统（IDS）以及如何对它进行科学设置。Ogut 等研究指出，由于系统用户中只有很少的黑客，因此严重削弱了入侵检测系统（IDS）的作用，为此他们提出时间等待策略，分析如何处理入侵检测系统（IDS）的警报信号。结果表明,只要企业根据其外部攻击优化入侵检测系统(IDS)的设置,就可以得到严格的非负收益,而且入侵检测系统(IDS)更多的价值来自其威慑效应。李天目、仲伟俊、梅姝娥通过对网络入侵检测与实时响应的序贯博弈分析发现,提高入侵检测系统(IDS)检测的准确性和减少清除入侵时间对于减少黑客入侵和安全损失的作用很大;另外,他们还应用博弈论研究了入侵防御系统(IPS)的配置和管理。

其次,对网络漏洞管理进行多方面的研究。August 和 Tunca 研究了用户动机对软件补丁安全的影响,分析了补贴、税收、修补费用、风险等对漏洞修补的影响。Cavusoglu 等运用博弈论分析了软件卖方和使用企业之间如何就补丁管理的收益和成本进行平衡,研究了补丁管理的成本和责任的分担协调机制。

随着信息系统面临的安全形势越来越严峻、安全性要求越来越高以及入侵防御等先进安全防御技术的种类越来越多,综合运用多种安全技术形成多层次的纵深防御以提升网络的安全性得到越来越广泛的应用。目前研究涉及的安全防御技术主要有防火墙、入侵检测系统(IDS)、入侵防御系统(IPS)及人工审核等。Bass 将纵深防御与网络设施、人、资源、策略及使命紧密结合起来,提出要考虑经济性和人的组织行为特征,强调风险管理要贯穿纵深防御战略的全过程。Kewley 和 Lowry 提出网络安全保障不仅需要深度防御,还需要广度防御。通过实验还发现,多种安全技术的相互作用使系统变得更加复杂,有可能增加网络的脆弱性,因而需要动态改变安全防御结构,在增加防御层次的同时还要扩大防御的广度,防止各种不同类型的攻击。Harrison 认为仅仅采用多种防御措施防范用户应用恶意软件对网络造成的破坏是不够的,他在此基础上提出了一种扩展的网络安全纵深防御战略,将系统的标准化和数据库加密添加到纵深防御策略中。Paul 提出通过应用 Web 防火墙、数据库防火墙、补丁管理、入侵检测等多种安全技术,建立多层次的网络安全防御体系,在不改变网络拓扑结构的情况下实现纵深防御。当前,针对如何组合运用多种安全技术资源建立纵深防御系统的研究还处于以定性分析和设计为主的阶段,从定量的角度通过建立数学模型和优化确定纵深防御系统的技术才刚刚起步。Kumar 等指出,不同的网络安全技术应对安全威胁的能力不同,企业需要考虑如何组合运用这些技术以达到最佳效果。为此,他们从风险分析和灾难恢复角度构建了一个网络安全技术价值仿真模型,通过仿真分析研究了网络安全技术组合的价值。Cavusoglu 和 Raghunathan 指出，对安全技术的合理设置是平衡信息保护和信息访问的关键。为此，他们以防火墙和入侵检测系统（IDS）组合运用为例，研究了两种技术组合情况下的参数设置问题。通过研究发现，如果不针对企业的安全环境对这两种技术进行优化配置，就无法实现两种技术之间的互补效应，导致运用两种技术的效果还不如运用一种技术有效。

2.2.2 网络安全投资策略研究

网络安全投资是指企业为尽可能实现网络安全，用于购买软硬件等安全设备及相关人员工资和培训等各方面投入的费用总和。1991 年，Niderman 等指出，网络的安全计划与管理将会是网络安全研究的重要领域。Straub 等、Loch 等以及 Straube 和 Welke 逐步在该领域开展了研究，研究发现，网络安全投资与其他 IT 投资相比有其独特之处：首先，网络安全投资收益不是出于收入增加，而是出于网络安全潜在损失减少。Varian 就此指出，正是由于该特点，使得有些部门或企业虽然没有进行网络安全投资，却能享受他人的网络安全投资效益，即“搭便车”行为。其次，网络安全损失估量非常困难。Anderson 指出，即使小部分的信息资产遭遇入侵，给企业带来的损失也可能是灾难性的。

针对网络安全投资策略的研究是基于单一企业的视角、运用传统的决策分析和期望效用的理论开展的，用以评估网络安全投资的风险和回报。Gordon 和 Loeb 较早地应用经济学模型从单一企业的视角对网络安全投资策略进行了研究，分析了信息资产的脆弱性以及被入侵后的潜在损失。研究发现，在给定的潜在损失水平下，企业没有必要将网络安全投资放在脆弱性最差的信息资产上，因为此类资产保护的成本较高，而应该放在脆弱性中等的信息资产上，这样会取得更好的经济回报。Gordon 和 Loeb 还运用层次分析法对网络安全投资效果进行了评价，其评价指标包括机密性、完整性和可用性这三个一级指标，每个一级指标下又再定义若干二级指标，对各级指标进行评价打分，得出网络安全投资效益的综合评价结果。之后，Gordon 和 Loe 又进一步调查了企业的网络安全投资预算方法，发现越来越多的企业朝着运用更精确的经济分析和预算方法转变。Dutta 和 Mccrohan 首先识别信息资产以及入侵后的金融风险，继而评估对信息资产实施安全保护所产生的安全防御成本，通过比较安全防御成本与安全防御收益制定网络安全投资策略。Hoo

构建了一个覆盖评估不同 IT 安全策略的决策分析框架。Bodin 等基于层次分析法优化了网络安全投资预算配置。Purser 从投资回报率的视角对网络安全投资进行了研究。Kankanhalli 和 Teo 运用实证分析方法研究发现,企业规模、高层支持、行业性质等对企业安全投入规模和类型等都有显著影响。Grossklags 等通过网络范围、攻击类型、损失可能性和技术成本等要素探讨了个体组织与网络安全技术投资之间的关系。Huang 等实证分析了风险厌恶型决策者在进行网络安全投资时的决策过程,运用期望效用理论研究发现,风险厌恶型投资者的安全投入随安全漏洞潜在损失的增加而增加,但是不会超出预期的潜在损失,当潜在损失低于安全阈值时安全投入为零。研究还发现,安全投资与决策者的风险厌恶程度不一定呈正相关关系。

市场竞争的加剧极大地促进了企业与其上下游企业,甚至与竞争对手之间形成密切的联系和协作关系,企业网络存在强烈的外部性,一个企业网络的安全性直接影响关联企业网络的安全性。考虑关联企业网络安全投资策略和安全水平等情形,研究企业的安全投资策略是网络安全投资研究领域的又一问题。

Kunreuther 和 Heal 指出,企业间的安全投资存在着依赖性。Varian 从系统可靠性出发,从总体效用、弱链接和最佳结点三个方面研究了企业间网络安全投资的纳什均衡,探讨了网络安全中的“搭便车”问题。Chen 等研究指出,为了发挥网络安全投资的规模效应,企业在购置信息系统软硬件时倾向于与关联企业相兼容,由此产生的系统脆弱性将会增加企业网络安全的风险,并提出了同质系统和异质系统的配置策略。研究还发现,企业群体中个体的安全并非独立的而是相互依赖的,最终会影响整体的安全水平。国内学者孙薇等针对现实世界中网络安全投资主体只具有有限理性的实际情况,利用演化博弈论对企业间的网络安全投资问题进行了分析,认为投资成本是组织策略选择的关键,还预测了网络安全投资的长期稳定趋势。Hausken 通过对黑客及企业等三方之间建立博弈模型,分析了收入效应、企业间的安全依赖性以及替代性等因素对网络安全防御的影响。Jiang 等针对非合作博弈情况,探讨了 Effective-Investment 模型和 Bad-Traffic 模型下的网络安全,在重复博弈情形下探讨了社会最优产出,分析了个人投资对网络整体安全性的影响。Bandyopadhyay 等分析了网络的脆弱性和供应链的整合性对企业网络安全投资的影响,发现两者的影响机制是不一样的,在供应链整合度较低的时候,网络脆弱性会促使企业减少投资,反之亦然。Gao、Zhong 和 Mei 研究指出,在网络安全环境因素不变的情况下,政府等公共组织对企业之间网络安全投入的协调干预可以有效提高社会福利。

黑客入侵等安全威胁是影响网络安全投资策略的关键因素之一。目前信息安全机构将黑客的入侵行为划分为定向攻击和随机攻击。一些学者研究了不同的黑客攻击行为下企业提升网络安全性的策略。Cremonini 和 Nizovtsev 研究发现,当攻击者具有完全信息并且能在不同的攻击目标之间进行选择时,安全投资的效用会特别高,因为攻击者会将更多的精力用于攻击安全级别较低的目标。Huang 和 Behara 利用网络理论研究了黑客的定向攻击和随机攻击对企业安全投资的影响,指出当多个信息系统相互关联、安全事件会造成较大损失时,企业应当着重关注黑客的定向攻击。信息系统安全威胁除来自外部的入侵外,企业内部员工的人为因素也是主要来源之一。针对这一问题,相关学者进行了研究。人为因素主要体现在系统的建设和维护、系统的用户和人员的组织,涉及企业员工的安全行为、态度、意识、相关的培训和相互的信任等多个方面。Albrechtsen 研究指出,在现实中,很多规范对用户的行为几乎不起作用,用户的实际行为和其应具有的安全意识有很大差距,在这样的情况下,信息系统安全保护存在相当大的困难。Arcy 等研究指出,信息系统安全教育、培训等方面的投入直接影响用户的行为,只有增加惩罚的可能性和处罚力度才能进一步预防信息系统的滥用行为。

2.3 网络安全漏洞风险及披露研究

2.3.1 网络安全漏洞风险研究

2002 年,美国通过了《萨班斯-奥克斯利法案》(简称 SOX 法案),其中的 404 条款要求上市软件公司每年必须出具一份自我披露漏洞的报告,法案的出台推动了信息安全漏洞披露的研究。早期国外网络安全漏洞研究主要集中在以风险评估为代表的功能范式领域,如风险评估定性定量方法的研究,而较少关注理论构建和实证。随着数据的积累和研究的深入,学者们开始建立信息安全漏洞风险防御投资决策经典模型,对信息安全漏洞防御技术配置等决策过程中风险展开持续研究。研究对象也逐步衍生到企业间,研究企业间的安全依赖性、业务关系、信息资产价值关联性等对信息安全漏洞风险的影响。早期国内主要运用模糊多属性群体决策、神经网络等多种方法探讨信息安全漏洞风险的评估模型和方法技术，判断风险因素对信息安全漏洞防御技术配置的影响。随着信息安全经济学的兴起，国内学者开始运用博弈论方法研究信息安全漏洞防御投资问题，分析复杂网络信息系统、安全等级标准及企业间的安全依赖性等因素对信息安全漏洞风险的影响。

2.3.2 网络安全漏洞披露研究

网络安全漏洞信息披露共享的研究主要围绕关联企业间是否就网络安全漏洞实施共享以及共享的量等问题展开，美国联邦政府鼓励建立网络安全漏洞信息共享组织和平台，如信息共享和分析中心(ISACs)。国内由国家计算机网络应急技术处理协调中心、东软集团、启明星辰信息技术集团、绿盟科技集团等，以及软件厂商和相关互联网企业共同建立了网络安全漏洞共享平台及独立商业运作的补天漏洞响应平台等第三方平台。Gordon 和 Loeb 通过建模和分析发现，如果没有网络安全漏洞知识共享，那么每个企业将根据边际收益等于边际成本的原则确定其在安全方面的投入；反之每个企业的安全投资将减少。Gordon 和 Loeb 将企业间共享的网络安全漏洞知识划分为三类：自愿性披露的前瞻性改进网络安全措施的信息、自愿披露的网络安全漏洞、自愿披露的网络安全入侵信息。Ransbotham 首先探讨了基于市场的漏洞披露机制的有效性，将其与其他披露模式的优缺点进行对比，并进一步依据信息传递理论研究安全漏洞披露与企业市场价值之间的关系，试图解释漏洞披露对组织的作用机理。Gal-Or 和 Ghose 运用博弈论分析了安全技术投资和网络安全漏洞知识共享之间的关系。研究发现，当企业间产品的替代性越高时，安全信息知识共享越有价值，即竞争越激烈的行业其建立共享联盟越受益；同时，网络安全漏洞知识共享收益会随着企业数量规模的增长而提高。Hausken 通过分析企业双方和网络安全入侵方(黑客)之间的三方博弈，指出企业双方的网络安全知识共享主要受制于企业双方的安全依赖性、外部安全状况及网络安全的投资成本等因素。Liu 等通过分析两家企业的网络安全知识共享博弈决策发现，两家企业所拥有的信息资产的属性对企业决策起到关键性作用，在信息资产互补的情况下，企业共享意愿较高，而在信息资产替代的情况下，共享陷入“囚徒困境”。另外，若网络安全漏洞知识的共享是由第三方平台提供的，则共享过程中的“搭便车”行为将严重影响平台作用的发挥，从而影响社会福利。Tang 和 Whinston 基于声誉机制设计了网络安全漏洞强制披露机制,并通过仿真实验研究了该机制的安全绩效。Hausken 对网络安全漏洞披露过程中的黑客行为、个体用户行为等进行了分析,重点阐述了漏洞披露带来的正效应及存在的负面影响。王青娥等在讨论智慧城市信息安全风险防范时,强调优化安全信息披露共享机制和通报预警能力,提高防范控制能力。Kannan 和 Telang 针对网络安全漏洞披露方式开展了研究,研究发现,主动的、不受监管的、以市场为基础的披露方式与第三方平台(如计算机应急响应小组)的披露方式相比,由于其可能存在信息的泄露,多数情况下未能有效提升效率和效益。Ransbotham 等指出,在复杂度、认证要求、攻击访问类型及漏洞威胁等方面,市场和非市场披露机制可能存在显著差异,如果仅通过市场报告某些类型的漏洞,那么漏洞处置的效果将是有限的。Arora 等的实证分析结果表明,漏洞信息被披露后,软件厂商释放补丁的瞬间概率提升了近 2.5 倍,开源供应商发布补丁的速度比封闭源代码供应商快,供应商对 CERT 未披露漏洞的响应速度较慢。Mitra 和 Ransbotham 通过对比研究公开和半公开披露机制在网络安全知识共享过程中对黑客攻击行为产生的影响发现,完全公开披露机制加速了攻击的扩散,当披露的漏洞越多时,该效应越显著。

为了有效应对日益增多的信息安全漏洞,许多供应商引入了负责任的披露政策或“缺陷奖励”计划,并进一步由负责任披露演变为协同披露。Cavusoglu 等较早提出将成本和责任分担作为软件厂商和用户间可能的协调机制,设计激励相容的成本分担契约有助于实现协调。Choi 等指出软件厂商公开披露漏洞和补丁发布更新的策略只保护安装更新的用户,而公开本身有助于黑客对该漏洞进行逆向工程。Ruohonen 等通过案例研究发现软件漏洞披露过程中协同特征明显,因此各参与主体必须有效协同,但在协同过程中会受到诸多因素的影响。Cheng 等通过采集中国国内数据,证明上市公司、政府机构、教育机构和初创企业四类组织对信息安全漏洞问题的响应速度是不同的。Johnson 等将一阶自回归模型拟合到各种产品的漏洞披露时间间隔的时间序列中进行分析,研究表明,不同产品之间的披露时间间隔差异具有显著性,20 个最常见的软件产品之间的差异超过 500%。Kansal 等通过多目标效用函数确定最佳漏洞暴露时间,研究发现,最优时间问题取决于成本、风险和努力的综合影响。Ruohonen 等研究发现,补丁开发、技术信息共享、多方软件测试、安全信息发布等相关活动均会影响直接披露的效率。

在漏洞补丁管理方面，Dacey 等指出有效的补丁管理是提升网络安全性的关键。Cavusoglu 等提出，第三方平台延迟漏洞信息公开披露，可以促进软件厂商补丁的发布，针对影响多款产品的信息安全漏洞，无须设置多个披露周期。Cavusoglu 等发现，补丁的发布和更新周期必须同步，而成本和责任分担可以协调软件厂商和公司的补丁管理决策，实现社会最优。Arora 等提出，面对供应商发布的大量补丁，IT 经理必须权衡频繁修补的成本和补丁应用程序延迟可能带来的安全风险，根据修补程序的设置和业务中断成本实施补丁管理。Choudhary 等认为，由于补丁的延迟可能会导致更多的安全漏洞和软件的禁用，但错误的补丁可能会增加安全漏洞的风险，即使在修补补丁发布之后，其也会基于总成本最小化目标，确定最佳补丁发布时间。Narang 等则在风险和预算约束下构建最小化成本和风险的双准则框架，确定最佳的漏洞发现和修补时间。

2.4 网络安全治理研究

2.4.1 跨组织信息系统及其信息安全研究

1982 年，Barrett 和 Konsynski 提出了跨组织信息系统的概念。Kumar 等从管理的视角出发，把跨组织信息系统定义为以信息和通信技术为基础，规划和管理独立企业组织之间合作关系的机制。由此可见，跨组织信息系统是基于计算机与通信技术之上的，跨企业边界的，实现信息在组织间的流动，对企业内外信息进行集成管理，并被多个组织共享的信息系统。这个定义涉及三个关键词：跨企业边界、信息技术、信息资源共享与交流。其中，信息技术是技术支撑，信息资源共享与交流是实施目的，跨企业边界则是该系统的特点和关键。Kumar 和 Van 依据跨组织信息系统中关联企业的交互模式，将其划分为一对一的纵向型跨组织信息系统、一对多的资源集中型跨组织信息系统和多对多的网络型跨组织信息系统。跨组织信息安全主要是指保护系统的硬件、软件及相关数据，使之不因为偶然或者恶意侵犯而遭受破坏、更改及泄露，保证跨组织信息系统能够连续、可靠、正常地运行，将风险造成的损失和影响降到最低程度。

跨组织信息系统增加了参与主体面临的信息安全风险。Kunreuther 和 Heal 指出，跨组织信息系统中企业之间的安全存在依赖性。Bier 等和 Bandyopadhyay 等进一步以供应链系统为研究对象,研究结果表明,在安全依赖的情境下,参与主体的信息安全威胁主要源自直接攻击和衍生攻击两个方面,其中衍生攻击风险取决于关联企业安全投入、跨组织网络结构、网络连接的脆弱性、业务关联性、信息资产关系等。Chen 指出,随着企业间安全依赖性的增强,整个企业网络发生整体性瘫痪的可能性增加,极端情形下,整个网络组织有可能瘫痪,这对于企业间业务流程的正常运作是非常致命的。Thalmann 分析研究了企业间安全管理在安全服务、安全审计、信息资产共享等方面存在的难题,这些难题迫使各参与方必须协同合作。正如 Williams 所指出的,跨组织信息系统的内在复杂性使得系统安全管理的责任必须在企业间协同分担。不同于市场机制和行政机制作用下的随机协同和捏合协同,企业间的跨组织信息系统安全协同依赖于企业间的合作关系,参与企业间的长期互动使合作各方存在归属感。总之,各参与主体企业在跨组织信息安全管理过程中所表现出来的自治性、依赖性、交互性和适应性等内在特征为将复杂适应系统理论、协同理论等引入跨组织网络安全研究提供了前提。

2.4.2 网络安全治理及治理能力研究

对信息安全的研究是基于信息技术研究的进一步衍化,因此有关信息技术(information technology,IT)治理的研究成果对本研究的开展有着重要的借鉴意义。IT 治理诞生于 20 世纪 90 年代,随着信息技术的发展,IT 治理受到前所未有的关注。针对 IT 治理,主要有两个学派:控制学派和引导学派。其中,控制学派的典型是以美国信息系统审计与控制学会(ISACA)提出的信息系统和技术控制目标(control objectives for information and related technology,COBIT)框架为核心。Huang 等建议将 COBIT、信息技术基础架构库 (information technology infrastructure library,ITIL)及 ISO/IEC 27002 标准结合起来实施 IT 治理。在 IT 治理的引导学派领域,学者们围绕 IT 治理模式、治理机制和治理影响因素三个方面展开了大量研究。近年来,学者们的研究领域也逐步扩展到信息安全治理领域。Kim 和 Choobineh 等指出,在信息安全管理中,由于主体的多样性及环境、技术的多变性,采用信息安全治理模式将开启信息安全管理的新范式。Dharmalingam 等运用 COBIT 模型研究信息安全治理过程中的关键成功要素。Kusumah 等整合了 COBIT 和 ITIL 并以此为基础进行模型构建,以案例研究的方式评估信息安全治理。Zia 对澳大利亚企业组织实施信息安全治理成熟度评估,并针对信息安全标准在企业内的应用情况进行研究,研究发现,企业的组织能力直接影响安全治理目标的实现。目前,无论是 IT 治理研究领域,还是信息安全治理研究领域,都常将控制和引导割裂开,但信息安全的协同治理更应该是二者的结合,因为信息安全的协同治理既需要对安全行为的控制,也需要对安全行为的引导。

近年来,基于激进人本范式研究信息安全漏洞治理的问题成为国外另一个研究热点,学者们运用威慑理论、计划行为理论、制度理论、角色理论等研究员工对企业内部信息安全策略、社会控制规范等遵从性的影响机理。在宏观层面上,国内学者主要从国家战略、法律制度等理论层面,比较和研究国内与美国、欧洲及韩国信息安全漏洞治理中的差异性,并指出协同多方主体的合作治理将是网络安全治理的重要议题。在微观层面上,有学者基于信息安全漏洞治理的关联性和复杂性,提出信息安全供应链概念,并基于用户参与理论、威慑和理想选择理论、制度理论、面子倾向等研究个体层面的网络安全漏洞治理。但网络安全治理过程中涉及的主体较多,因此普遍认为在网络安全漏洞披露等过程中协同治理是较为有效的方式之一。

协同理论是德国物理学家 Haken 于 1971 年提出的,最初源自自然科学领域的协同学理论。协同学研究的是一个由大量子系统以复杂的方式相互作用所构成的复合系统,在一定条件下,通过子系统间的非线性作用产生协同现象和相干效应,使系统形成具有一定功能的空间、时间或时空的自组织结构。可见,协同学是研究各种不同类型的系统内各子系统既互为矛盾又互为协调,共同促使系统整体具备新的有序状态所呈现的特点、规律的交叉科学。协同理论与治理理论相结合后便形成了协同治理理论,最初产生于公共管理领域。Donahue 和 Zeckhauser、Emerson 等提出,协同治理是指在公共生活过程中,政府、非政府组织、企业、公民个人等子系统构成开放的整体系统,借助系统中诸要素或子系统间的非线性的相互协调、共同作用,使整个系统在维持高级序参量的基础上共同治理社会公共事务,最终达到最大限度地维护和增进公共利益的目的。后来,协同治理理论逐步拓展到法学、经济管理领域。近几年,在企业联盟等企业间,协同创新等领域也出现了较多的研究成果。

Huxham 和 Vangen 指出,在协同过程中,同时存在着协同优势和协同惰性的交互作用,发挥协同优势、规避协同惰性成为能否取得协同成功的关键。而 Duhaime 认为,协同效应的产生需要多种因素的共同作用,企业协同效应呈现出非线性特征。孙国强等通过实证分析得出,联系紧密度与网络中心性对网络组织协同治理绩效均有正向促进作用。另外,互动、协作是其协同过程的重要特征,协作互动既是对企业协同治理网络关系结构的维护,又是协同效应实现的动态机制和协同关系结构产生协同效应的桥梁,其重视利益协调和资源配置,强调多元主体之间的互动激励。显然,为保障企业间信息系统安全功能协同整合,协调机制是协同治理能否取得成效的重要基础和保障。

在公共管理领域,学者对治理能力的研究较多,只有部分学者展开了对网络治理能力的研究。别敦荣提出,信息化教育中的 IT 治理能力是指由组织与人员构成的治理主体开展 IT 治理活动、实现 IT 治理目标的能力。杨浩等将治理能力划分为战略性决策能力、系统性整合能力和信息化变革能力。通过搜集和整理资料发现,学界对协同治理能力的研究在各领域的差异性较大,研究尚未形成完整的体系。但刘洪指出,复杂适应组织中的组织成员具有自主判断和行为能力,具有与其他成员和环境交互信息和物质的能力,能够根据其他成员的行为和环境的变化不断调整行为规则, 从而使自身及整个组织与环境相适应。基于此,本书拟结合相关信息安全标准对跨组织信息安全协同治理能力概念做出界定。

2.4.3 组织行为对企业网络安全的影响研究

1. 企业员工组织行为对企业信息安全的影响研究

2014 年,FBI(美国联邦调查局)和 CSI(犯罪现场调查)对 484 家公司进行的信息安全调查结果显示:超过 85%的安全威胁来自公司内部,内部人员泄密造成的资产损失高达 6000 多万美元(约为黑客造成损失的 16 倍、病毒造成损失的 14 倍)。Hsu 等指出,组织行为因素对信息安全管理创新有着重要影响。Posey 等通过系统分析,开发了六个步骤用于识别员工保护动机行为,整合了多维标度分类技术、特征拟合和聚类分析等方法,并将内部员工安全防护行为进行分类识别。柳玉鹏和曲世友构建了内部员工信息安全胜任特征评价指标体系,并在此基础上提出了组织内部员工信息安全胜任特征评价模型用以员工评估。除了对员工信息安全行为本身进行研究外,更重要的是研究如何提升组织员工对信息安全规范(information security policy,ISP)的遵从性。Knapp 等和 Posey 等进一步强调了员工信息安全规范的遵从性在提升信息安全目标达成度方面的重要性。Herath 和 Rao 研究表明,企业安全漏洞威胁性的感知、对反映成本和效能的感知及自我效能的感知,都会对企业员工信息安全规范的遵从性产生影响,而 Bulgurcu 等也证实了员工遵从的意愿取决于遵从的收益、成本及违背规范的成本。Chen 等提出,在惩罚机制失效时,企业可以用奖励执法来替代,奖励和惩罚之间的这种显著的交互性表明企业需要设计一个更为全面的信息安全法规执行体系。D'Arcy 等通过实证研究探索了信息安全相关压力(security-related stress,SRS)和故意违反信息安全策略之间的潜在关系,并对 SRS 进行了多维解析,包括相关安全过载、复杂性及不确定性,为在工作环境中如何引导员工行为提供了全新的视角。Niekerk 和 Solms 认为,要想减少人为因素导致的企业信息安全事故,其核心在于营造良好的企业信息安全文化氛围,发挥安全文化在信息安全管理中的积极作用。Nsoh 采用基于计划行为的理论模型来研究管理层和员工的关系对信息安全规范威慑力的影响,研究结果表明,管理层的态度对员工的行为有着重要的影响,而员工的不满情绪则是实施企业信息安全的重大挑战。

2. 黑客入侵行为对企业信息安全的影响研究

黑客入侵行为对信息安全的影响也是企业网络安全领域的重要研究方向之一。Ransbotham 和 Mitra 通过研究黑客的两种入侵行为(定向攻击和随机攻击),得出具有较强吸引力的企业容易遭受定向攻击等结论,并利用一组 IDS 数据进行了实证分析。Kim 等研究发现,黑客入侵的能力越来越强,入侵一旦得逞,其后果会越来越严重,利益驱动型黑客应成为主要关注对象。Png 和 Wang 研究认为,当企业同时面临黑客的两种入侵行为时,应该更加注重防范随机攻击。Mookerjee 等研究了当定向攻击和随机攻击所占比例随时间动态变化时企业的安全技术参数设置方法。Gao 等运用微分博弈研究了在并行决策、序贯决策和独立决策三种情境下企业和黑客之间的投入发现,黑客在并行决策中的投入更多,而企业在序贯决策中的投入更多;同时证明了网络安全漏洞知识的传播在此博弈过程中未必对黑客有益。

3. 社会控制规范对企业信息安全的影响研究

针对日益突出的企业信息安全问题,国家给予了足够的重视,加强了对企业信息安全的社会控制。2002 年成立的全国信息安全标准化技术委员会,到目前为止共组织制定网络安全国家标准百余项,主要涉及信息安全技术与机制、信息安全管理、信息安全评估以及保密、密码和通信安全等领域。标准设定是为了让不同企业提供的技术、产品和服务在共同工作时实现最佳状态的互联性、互操作性和兼容性。20 世纪 80 年代中期,学者们纷纷从经济学、管理学(特别是战略管理)、法学及政治学等研究角度展开针对标准设定给企业带来的影响的研究,分析和诠释技术标准经济学的主要问题。诸多学者在技术创新、产业经济等领域对标准设定带来的影响做了大量理论研究,但在信息安全领域的相关研究很少。Gao 等以及 Gao 和 Zhong 的研究指出,在信息系统安全环境因素不变的情况下,政府等公共组织对企业间信息系统安全投入的协调干预可以有效提高社会福利。Hui 等将强制安全标准嵌入信息安全外包领域,研究了强制安全标准的实施对信息安全外包的承包方的努力产生的影响。Tang 和 Whinston 基于声誉机制设计了网络安全漏洞知识强制披露机制,并通过仿真实验研究了该机制的安全绩效。

2.5 本章小结

在网络安全管理领域,已有学者展开了大量研究,为本书的研究提供了可借鉴的科研成果和理论依据。目前,针对网络安全漏洞披露方面的治理研究相对较少,信息安全漏洞披露过程中涉及软硬件服务供应商、第三方漏洞共享平台、用户等参与主体,形成了"漏洞披露主体—利益相关者"之间的多主体网络结构,主体的多样性、利益的不一致性等因素在一定程度上增加了信息安全漏洞披露风险的管控难度。因此,有必要从过程视角深入探究披露网络关系嵌入下信息安全漏洞披露风险的生成及其在不同参与主体之间的行为演化。漏洞披露共享已被证实为信息安全漏洞治理的有效路径,但当前漏洞披露共享的研究主要局限在封闭或半封闭的紧密关联企业组织间,多主体、多属性参与主体间如何建立合理的披露共享机制管控漏洞披露风险(即发现漏洞后"由谁披露""怎样披露""何时披露")等问题变得日益复杂且重要。漏洞披露机制不同,对用户、提供商和协调者等利益相关方造成影响差异性的研究值得深入。

第 3 章　网络安全漏洞披露概述

为系统地理解网络安全漏洞管理尤其是网络安全漏洞披露问题，本章首先定义了网络安全漏洞及相关概念，并引入了网络安全漏洞披露的概念，分析了网络安全漏洞披露的类型，接着介绍了美国网络安全漏洞披露的规则和当前我国网络安全漏洞披露的规则，为后续研究网络安全漏洞披露策略奠定了基础。

3.1　网络安全的概念

“安全”的基本含义为“远离危险的状态或特性”或“客观上不存在威胁，主观上不存在恐惧”。安全问题在各个领域普遍存在，如生产安全、财产安全、人身安全等。信息作为一种资产，是企业或组织进行正常商务运作和管理不可或缺的资源。基于美国国家安全系统委员会(CNSS)发布的标准，信息安全就是指保护信息及其关键要素，包括使用、存储以及传输信息的系统和硬件。广义上，信息安全涉及多方面的理论和应用知识，除了数学、通信技术、计算机技术等自然科学外，还涉及法学、心理学、管理学等社会科学。

根据 CNSS 提供的信息安全模型，信息安全的基本要素主要涉及机密性、完整性、可用性、可追溯性、真实性和可靠性等，其中处于信息安全核心地位的是通常所强调的信息安全 CIA 三元组，即机密性(confidentiality)、完整性(integrity)和可用性(availability)，如图 3-1 所示。

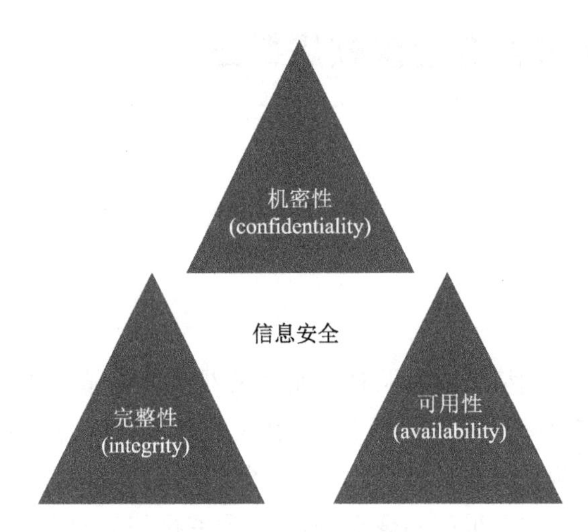

图 3-1　CIA 三元组

机密性—— 确保信息在存储、使用、传输过程中不会泄露给非授权用户或实体,主要用于保证非授权用户不能访问信息系统,确保不会把敏感数据泄露出去。

完整性—— 要求保持数据一致,防止系统数据遭受到有意或偶然的破坏,主要包括:阻止非授权用户对数据或程序进行修改;防止授权用户对系统及信息进行不恰当的篡改;保持信息内、外部表示的一致性。

可用性—— 确保授权用户或实体对信息及资源的正常使用不会被异常拒绝,允许其可靠且及时地访问信息及资源。当前可用性面临的主要威胁有:因蓄意攻击或系统部署时存在的潜在缺陷导致的拒绝服务;由自然灾害或人为灾难造成的信息系统数据丢失等。

当然,不同机构和组织因为需求不同,对 CIA 原则的侧重也会不同。如果最关心的是对私有信息的保护,就会特别强调机密性原则;如果最关心的是随时随地向客户提供正确的信息,就会突出完整性和可用性的要求。

1. 信息系统安全体系

信息系统安全主要针对建立在计算机网络基础之上的现代信息系统,保护信息系统的硬件、软件及相关数据,使之不因偶然或者恶意侵犯而遭受破坏、更改及泄露,保证信息系统能够连续、可靠、正常地运行。在商业和经济领域,信息系统安全主要强调的是消减并控制风险,保持业务操作的连续性,并将风险造成的影响和损失降到最低。

依据美国国际互联网安全系统公司提出的自适应网络安全模型,企业信息系统安全管理主要包括对外安全防御和对内安全恢复两个方面。安全防御主要包括安全防护和安全检测,安全恢复则主要是指安全事件发生时的修复、容灾、存活性等安全响应行为。在安全策略的指导下,要建立一个完整的信息系统安全体系,具体包括以下几个方面:

(1) 信息系统安全防护。信息系统安全防护通过运用传统的静态安全技术和方法实现,包括系统加固、防火墙、加密机制、访问控制和认证等。

(2) 信息系统安全检测。信息系统安全检测在安全体系中占据重要地位,是动态响应和进一步加强防护的依据。通过漏洞扫描和入侵检测等手段,可以及时发现信息系统中的新的威胁和漏洞,并在循环反馈中做出有效反应。

(3) 信息系统安全响应。信息系统安全响应是指对防护及检测中出现的问题做出及时有效的处理,从而将信息系统调整到安全状态。

(4) 信息系统安全策略。信息系统安全策略是整个安全体系的核心,是实施所有的安全防护、检测、响应的依据,体现了信息系统安全中管理为重的思想。

2. 信息系统安全成本

信息系统安全收益主要来自减少的信息系统安全损失。企业信息系统安全水平的提升使得企业能够承受更强的内、外部黑客攻击,信息系统被成功入侵的概率降低,从而确保信息系统的正常运作,保障企业的正常运营,减少信息系统的安全损失。因此,信息系统安全给企业带来的收益主要来自"减损产出"。信息系统安全成本是指企业为保证其信息系统安全运作及信息资产的安全,降低安全事件发生率而产生的各种成本,主要可以分为保证性安全成本和损失性安全成本两类。

(1) 保证性安全成本。保证性安全成本是指为保证和提高信息系统安全水平而支出的费用,包括安全建设费用和安全运营费用两部分。为保证信息系统的安全运作,需要构筑安全技术体系、安装安全技术设备、采取安全管理措施、进行安全监督以及对相关人员进行安全培训和教育等,所有环节的费用支出构成了保证性安全成本。

① 安全建设费用。安全建设费用是为构建信息系统安全体系而购置安全技术设备等支出的费用。其目的是为实现信息系统的安全运作提供基础

条件,包括为增加信息系统安全性采购的硬件设备、软件产品等的费用。

② 安全运营费用。安全运营费用是指为运营安全设施,进行安全管理和监督、开展安全培训和教育而支出的费用。其目的是防止安全问题产生,使安全设施发挥应有的效能,主要包括操作代价和负面代价。其中,操作代价主要指企业实施信息系统安全管理时的安全操作消耗的时间和计算资源的数量。例如,企业在运用 IDS 的过程中对外部访问流量进行监控以及人工审核等产生的成本。负面代价是指企业出现信息系统安全问题导致系统无法正常工作或服务质量下降等带来的损失。例如,防火墙的设立减缓了信息系统的访问速度,关闭服务或系统可能无法正常向用户提供相关服务;为了提升信息系统安全水平,需要配备专业的人员,需要对员工实施安全培训等。

(2) 损失性安全成本。损失性安全成本主要包括企业内部损失和企业外部损失。

① 企业内部损失。企业内部损失是指由安全事件所引起的信息系统所支持的企业业务中断而造成的损失和黑客入侵造成的信息资产损失等。

② 企业外部损失。企业外部损失是指由安全事件引起的发生在企业外部的影响和损失。信息系统安全事件将影响企业的声誉,从而影响消费者对该企业的信任度,使得部分忠诚度不高的消费者放弃购买决策,最终导致企业市场竞争力下降。如果是上市企业,还会给企业股票市值带来负面影响。2013 年 12 月 19 日,美国零售商塔吉特公司有多达 1.1 亿名客户的信用卡信息和个人信息被黑客窃取,塔吉特公司当日在纽交所上市的股票下跌 2.2 个百分点,在“圣诞周”的营业额同比下滑 3%~4%。塔吉特公司目前已花费 17 亿美元用以应对安全漏洞带来的问题,该安全事件造成的未来花费尚无法预测。

3.2 网络安全漏洞的概念与类型

3.2.1 网络安全漏洞的概念

漏洞在不同业界有不同的概念,其中《中国互联网协会漏洞信息披露和处置自律公约》将安全漏洞定义为信息系统在硬件、软件、通信协议的设计与实现过程中或在系统安全策略上存在的缺陷和不足;非法用户可利用安全漏洞获得信息系统的额外权限,在未经授权的情况下访问或提高其访问权,破坏系统,危害信息系统安全。

美国国家标准与技术研究院(NIST)将安全漏洞定义为:在系统安全流程、设计、实现或内部控制中存在的缺陷和弱点,能够被攻击者利用并导致安全侵害或对系统安全策略的违反。

国际标准化组织(ISO)将安全漏洞定义为:可被一个或多个威胁利用的一项资产或一组资产的弱点。其中,一项资产是指对组织有连续性价值的任何东西,包括支持组织使命的信息资源。

3.2.2　网络安全漏洞的分类

张涛和吴冲根据信息系统安全漏洞出现的原因,把网络漏洞分为三种:第一种是设计型漏洞,只要采用某种协议、算法或模型,就会存在的特定漏洞;第二种是开发型漏洞,是开发人员在程序开发过程中有意或无意造成的缺陷,这种漏洞可以被广泛传播和利用,一般被收录在漏洞库中;第三种是运行型漏洞,在特定的环境运行时,可以导致违背安全策略的情况发生,是一种系统性的安全问题。

漏洞根据所在领域又可以分为服务业安全漏洞和工业安全漏洞等。工业控制系统漏洞是工业安全漏洞的重要组成部分。工业控制系统漏洞可以从不同角度进行分类:从入侵手段角度,可以分为输入验证错误漏洞、结构化查询语言(SQL)注入漏洞、缓冲区错误漏洞、访问控制漏洞、跨站请求伪造漏洞等;从设备系统角度,可以分为总线工业电脑漏洞、可编程控制系统漏洞、分散性控制系统漏洞、现场总线系统漏洞和数控系统漏洞。

3.2.3　网络安全漏洞的生命周期

1. 漏洞的生命周期

Arbaugh 等提出了漏洞生命周期的概念,并将漏洞的生命周期划分为如下几个阶段:

(1) 产生。漏洞通常在软件或程序的设计之初就存在,并且会随着系统的更新出现新的漏洞。

(2) 发现。无论漏洞发现者的意图是恶意的("黑帽子")还是善意的("白帽子"),系统、网络或软件的缺陷的发现都标志着漏洞的产生,并且可能不会被及时披露。

(3) 披露。漏洞发现者将漏洞提交给直接相关者,漏洞进入披露阶段,本阶段的披露一般不会涉及漏洞细节。

(4) 修正。供应商或开发人员发布软件补丁或更改配置以修正漏洞。

(5) 公开披露。漏洞可以通过多种方式被公开,如新闻报道对相关漏洞进行详细介绍,或者应急响应中心将相关漏洞细节公开,此时漏洞处于公开披露期。

(6) 开发利用。黑客编写开发脚本使知情者无需专业技能也可以利用相关漏洞来破坏系统。开发脚本可以显著增加利用相关漏洞的人数规模。

(7) 消亡。从理论上讲,如果配置人员打好漏洞补丁,或者用户停止使用相关网络,或者攻击者对相关漏洞失去攻击兴趣,那么漏洞就会逐渐消亡。但在现实实践中,配置人员不可能为所有的系统漏洞都打好补丁。

2. 信息安全漏洞的生命周期

国家信息安全漏洞管理标准将信息安全漏洞的生命周期定义为漏洞从产生到消亡的整个过程,分为如下四个阶段:

(1) 漏洞发现。漏洞发现者通过人工或者自动的方法解析、挖掘可被验证和重视的漏洞。

(2) 漏洞利用。利用漏洞对计算机信息系统的机密性、完整性和可用性进行攻击和破坏。

(3) 漏洞修复。通过补丁、升级版本配置策略等对漏洞进行修补,使得该漏洞不能被恶意主体所利用。

(4) 漏洞公开。通过公开渠道(如网站、邮件列表等)公布漏洞信息。

Joh 等认为漏洞的生命周期包括漏洞产生、漏洞发现、漏洞披露、漏洞开发利用和漏洞修复五个阶段,并指出在安全漏洞的任何时期系统都有可能被攻击,不同阶段被攻击的概率不同。

3. 网络安全漏洞的生命周期

本书结合国家信息安全漏洞管理标准给出的漏洞生命周期的定义和具体情况,认为网络安全漏洞的生命周期包括以下两种情况:

(1) 漏洞发现—漏洞披露—漏洞修复。这三个阶段构成了网络安全漏洞的生命周期,其中补丁开发和发布是漏洞修复的关键节点。此情况下漏洞补丁开发较慢,漏洞披露发生在补丁发布之前。漏洞被完全披露后处于"零日"状态,漏洞造成的危害迅速增大,直到补丁发布。漏洞补丁发布后,漏洞开始迅速消亡,但漏洞危害不可能降到零,因为并不是所有的系统都会安装漏洞补丁。补丁开发较慢情况下的漏洞生命周期如图 3-2 所示。

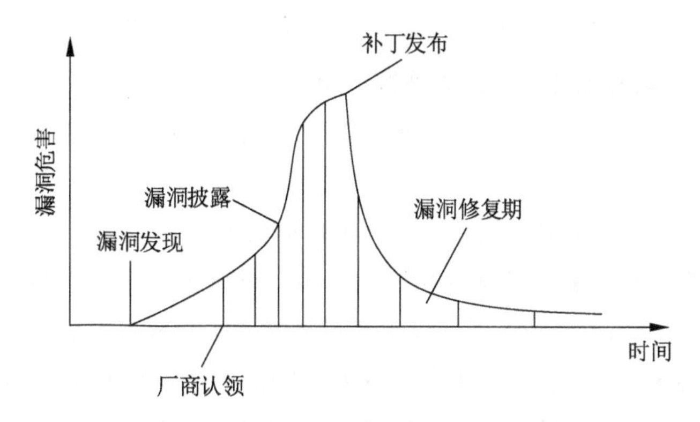

图 3-2 补丁开发较慢情况下的漏洞生命周期

(2) 漏洞发现—漏洞修复—漏洞披露。此情况下漏洞补丁开发较快,补丁在漏洞披露之前发布,漏洞还没造成重大危害就开始消亡,漏洞披露能加速漏洞的消亡。从厂商认领漏洞开始,一直到漏洞消亡都属于漏洞修复期,其中从厂商认领漏洞到补丁发布之前属于漏洞开发期。补丁开发较快情况下的漏洞生命周期如图 3-3 所示。

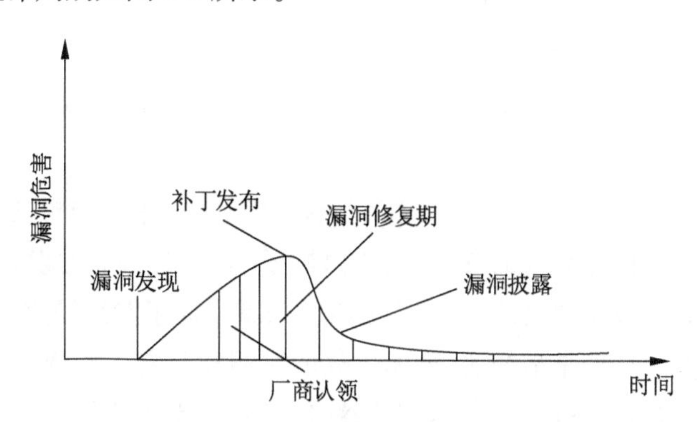

图 3-3 补丁开发较快情况下的漏洞生命周期

3.3 网络安全漏洞披露的概念与类型

3.3.1 网络安全漏洞披露主体

网络安全漏洞披露主体是指在安全漏洞披露活动中直接参与披露相关活动的个人或组织。关于安全漏洞披露主体,不同研究者有不同的观点。《CERT 漏洞协同披露指南》(*The CERT Guide to Coordinated Vulnerability Dis-*

closure)中将漏洞披露主体称为 Reporter,一般是指将漏洞汇报给厂商或者漏洞披露协调组织的独立的第三方研究人员。

黄道丽认为网络安全漏洞披露主体有三类,分别是厂商、政府机构和网络安全服务机构。厂商是指《中华人民共和国网络安全法》(以下简称《网络安全法》)中的产品和服务提供者,厂商有责任和义务保障自身的软硬件安全,是最初意义上的漏洞发现者和最没有争议的披露主体。政府机构是合法的漏洞披露主体,这里的政府机构包括两个方面:一是国家级安全漏洞共享平台,包括国家信息安全漏洞库(CNNVD)和国家信息安全漏洞共享平台(CNVD);二是安全漏洞披露协调机构,中共中央网络安全和信息化委员会办公室领导和协调我国网络安全漏洞的披露和决策。网络安全服务机构能够提供风险评估、安全认证和安全监测等服务,主要由企业自建应急响应中心和第三方漏洞披露平台构成。

根据相关研究,网络安全漏洞披露主体可概括为以下四种:

(1) 用户。用户是安全事故中的直接受害者,当产品中存在漏洞时,用户可以直接向厂商或漏洞管理组织报告。

(2) 漏洞应急组织。漏洞应急组织作为安全漏洞的第一任接收者,在接收安全漏洞后应按照流程告知与该漏洞相关联的产品与服务提供者或网络运营者等。

(3) "白帽子"。"白帽子"又称为道德黑客,擅长用渗透测试和其他测试方法来确保组织信息系统的安全性。"白帽子"首先是漏洞的发现者,一旦他们选择将漏洞细节报告给厂商、客户或者公众就变成了漏洞披露者。

(4) 厂商。厂商是最合法、最无争议的漏洞披露者。漏洞来自厂商的系统和网络,现实情况下厂商一般会在漏洞补丁开发完成后打包披露漏洞细节和相关补丁。

3.3.2 网络安全漏洞披露类型

自安全披露实践以来,安全漏洞的披露类型就成了网络安全争论的焦点。目前,安全漏洞披露有两种分类方法:第一种是将安全漏洞披露分为不披露(non-disclosure)、完全披露(full disclosure)和部分披露(partial disclosure);第二种是将部分披露进一步拆解,分为负责任披露(responsible disclosure)和协同披露(coordinated vulnerability disclosure,CVD)。

不披露是指漏洞发现者既不将漏洞披露给厂商和平台,也不披露给公众。一种可能的原因是,漏洞发现者想选择比负责任披露渠道带来更高收益的渠道——黑市;另一种可能的原因是,漏洞发现者发现了与国家安全相关的漏洞,为了防止情报泄露或者其他攻击性网络操作,政府并不希望披露这些漏洞的相关信息,比如 2017 年肆虐网络的"WannaCry"病毒就是由美国军方保留的"EternalBlue"病毒改造而成。漏洞不披露除了上述两种原因外,还有一种可能的原因是,漏洞发现者保留该漏洞自用。根据以上描述得到漏洞不披露的行为流程如图 3-4 所示。

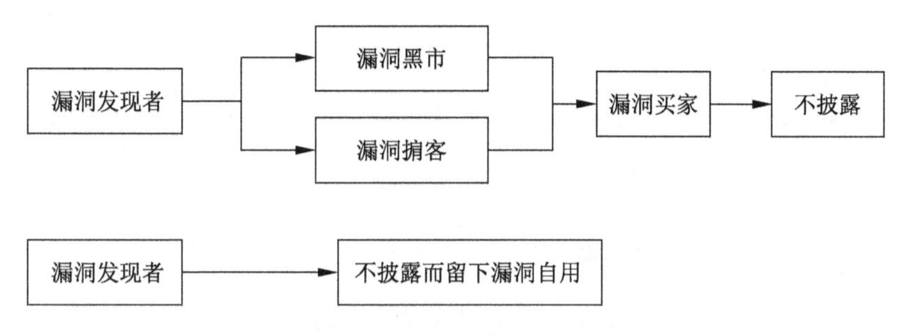

图 3-4　漏洞不披露的行为流程

与不披露相反,完全披露是指漏洞发现者不与厂商或漏洞管理组织联系就公开发布有关已识别漏洞的所有信息。完全披露具有很大的争议性:一方面,完全披露完全公布了厂商安全漏洞的细节,一旦不法分子利用这些漏洞发动攻击,厂商乃至整个社会就会遭受巨大的损失;另一方面,完全披露能激励漏洞所属厂商认领并修补相关漏洞,从而有效缩短漏洞的生命周期。根据以上描述得到漏洞完全披露的行为流程如图 3-5 所示。

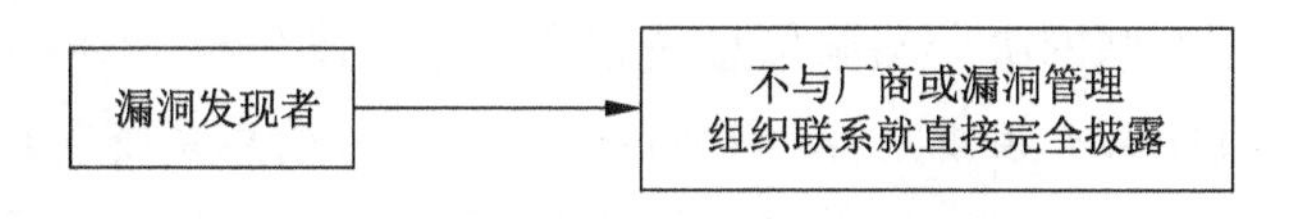

图 3-5　漏洞完全披露的行为流程

负责任披露又称有限披露,是指漏洞发现者以帮助厂商解决安全漏洞问题为出发点,将安全漏洞报告给厂商。当解决方案完备后,厂商公布漏洞,与此同时将补丁发布给用户。这种漏洞披露类型更中立且细节复杂,是不披露和完全披露的折中和衍生。有限披露虽然也存在一些问题,但更多安全员对此持支持态度,因为其兼顾了用户和厂商的利益。负责任披露中往往包括了协调者参与的协调程序。协调者是一个中立且独立的机构,能够接收一个或多个厂商的响应,具有解决冲突、协调各方利益的能力,是漏洞发现者、公众、用户及厂商之间的纽带。国际上比较有代表性的国家级协调者包括美国计算机应急响应小组(US-CERT)、日本国家计算机应急响应协调中心(JPCERT/CC)、韩国国家网络安全中心(NCSC)等,我国比较有代表性的国家级协调者包括中国国家信息安全漏洞库(CNNVD)、国家信息安全漏洞共享平台(CNVD)、国家计算机网络入侵防范中心漏洞库(NCNIPC)等。根据以上描述得出漏洞部分披露的行为流程如图 3-6 所示。

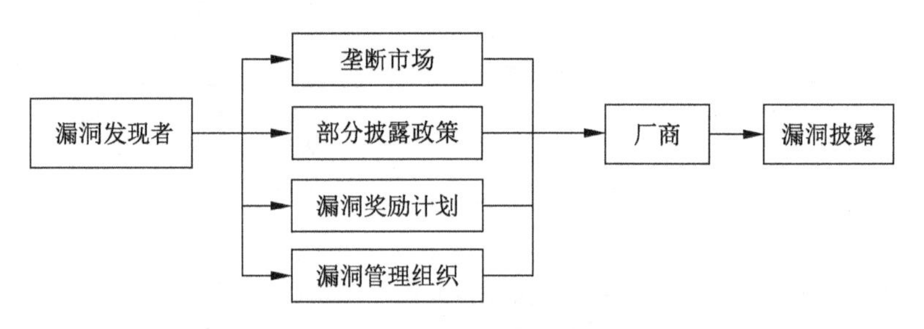

图 3-6　漏洞部分披露的行为流程

近年来,随着信息共享理念应对风险的有效性逐渐显现,网络安全漏洞披露的方式向更易于降低威胁的方式演化,网络安全漏洞发现与修复之间所需的时间差和平衡各方需求成为网络安全漏洞披露的基本考量,厂商、政府、安全研究人员等主体之间的漏洞安全信息共享成为漏洞披露的重要内容。业界普遍开始用"协同披露"代替"负责任披露"的说法。协同披露强调漏洞发现者、厂商、协调者和政府机构等利益相关方应共享安全漏洞信息、协同工作,积极协作处置风险,共同保障用户安全、社会公共利益和国家安全。2015 年发布的《中国互联网协会漏洞信息披露和处置自律公约》也体现了协同披露这一理念,其中第七条规定:漏洞平台、相关厂商、信息系统管理方和国家互联网应急中心(CNCERT)应协同一致做好漏洞信息的接收、处置和发布等环节工作,做好漏洞信息披露和处置风险管理,避免因漏洞信息披露不当和处置不及时而危害到国家安全、社会安全、企业安全和用户安全。

安全漏洞协同披露强调用户安全至上,要求面临同一风险的利益相关方分享安全信息、协同共治,降低整个群体所面临的网络安全风险。在高危安全漏洞日益增多、补丁修复耗费时间更长的后信息化时代,以信息共享和维护用户利益为导向的协同披露成为一些大型跨国厂商推行的解决方案。例如,微软安全研究中心高级研究总监克里斯·贝斯就极力号召协同披露,类似观点也在2017年5月WannaCry勒索病毒攻击事件爆发后被多次重提。在微软等跨国厂商的推动下,ISO等国际组织设立了ISO/IEC 29147—2018、ISO/IEC 30111—2019等若干标准体系以"最佳实践"的形式指导厂商构建并实施安全漏洞披露制度。

由此可以看出,从不披露、完全披露、负责任披露到协同披露,安全漏洞披露类型涉及的利益相关方侧重点各有不同,既显示了漏洞披露过程的复杂性,也表明了调动各利益相关方共同治理安全漏洞观念的逐渐成熟和体系化。总体来说,以上披露类型在国内外目前的披露实践中均有出现,且往往交织在一起。近年来,虽然在一定程度上更多的协同披露动向正在显现,但漏洞披露环境在很多方面仍然是割裂的,相关问题依然有待解决。鉴于利益相关方的侧重点有所差异,漏洞披露目前仍然没有统一的标准,但都应以最大限度减少损害的方式进行。

3.3.3　网络安全漏洞披露中的激励

漏洞披露过程是由可能存在竞争关系和利益冲突的多个参与主体的行动决定的,由于许多参与主体可能存在利益冲突,在网络安全漏洞披露过程中经常出现次优或非社会福利最大化的结果。因此,需要通过制定不同的激励机制改变或影响各参与主体在网络安全漏洞披露中的行为。本节首先简要讨论激励的本质,然后在两个不同层面进一步分析激励机制(个人层面,漏洞发现者激励;组织层面,软件供应链、第三方平台和政府激励)。

1. 网络安全漏洞披露激励的本质

与漏洞披露相关的经济决策是由不同参与主体在漏洞披露生命周期的不同决策点感知到的激励决定的,这方面的激励可以理解为影响这些决定的因素。激励可能源于网络安全漏洞的经济特征,或者其他法律、监管或市场条件,也可能源于社会期望的行为和规范。

必须指出,激励措施不单单与经济报酬或具体漏洞披露的成本有关。激励通常分为财务激励和非财务激励。财务激励在信息安全市场普遍存在,是供应商在确保市场份额和最大化盈利能力方面行为的基本驱动因素。例如,财务激励措施可以对识别出漏洞奖励计划中有效漏洞的发现者进行货币奖励。如果披露动机源于财务激励的参与者选择不披露已识别的漏洞,而是通过漏洞代理人或市场出售漏洞,那么财务激励措施也可能影响漏洞披露过程。

相比之下,非财务激励影响与金钱没有直接关系的行为。非财务激励措施可能会考虑社会构建的规范或价值观的因素，即行为者基于道德理想或行为预期进行行为方式自我监管。因此，财务激励通常通过奖励成就(消极或积极)发挥作用，而非财务激励通常通过内在自我调节或同伴压力发挥作用。两种不同的激励机制也可能通过相互补充、权衡或相互矛盾而发生作用。因此，为了更好地理解漏洞披露经济学，有必要探索不同行为主体的行为是如何被激励的，以及不同的激励机制是如何相互作用的。

2. *漏洞发现者行为激励*

任何漏洞的披露过程都需要漏洞发现者，漏洞发现者可以是供应商内部的人员，也可以是来自供应商外部但被供应商所控制的人员，还可以是独立于供应商的外部组织，后两类包括漏洞研究团队和独立的安全研究人员。

(1) 内部激励机制

内部激励机制是漏洞发现者行为的主要驱动因素，先前进行的研究和访谈表明，漏洞发现者进行漏洞研究和披露的动机有四类：经济利润动机、荣誉或升职动机、娱乐挑战性动机和道德意识形态动机。

经济利润动机在漏洞奖励计划中有重要作用，其经常被用来激励漏洞发现者的积极参与。虽然并不是所有漏洞奖励程序的数据都是公开的，事实上大量的漏洞奖励程序是私有的，但从漏洞奖励平台 Bugcrowd 和 HackerOne 的公开报告中，我们可以对全球的漏洞奖励程序状况有一个大致的了解。Bugcrowd 平台发布的数据显示，2018 年平台上漏洞发现者获得的平均赏金为 781 美元/个，比 2017 年增加了 73%。关键漏洞发现者获得的平均奖金为 1200 美元/个，而 2016 年为 926 美元/个。从 2017 年到 2018 年，Bugcrowd 平台共支付了超过 600 万美元的奖金。

近年来，这两个平台上报的漏洞总数和支付的奖金总额都有所增加。与 2017 年相比，Bugcrowd 平台在 2018 年启动的漏洞赏金项目总体增加了 40%，而 HackerOne 平台在短短两年内注册的漏洞发现者数量增加了 10 倍，这种增长可能会进一步激发积极网络效应。漏洞奖励平台既可以利用规模经济，又有助于提高信息安全市场上漏洞披露的知名度。宾夕法尼亚州立大学的研究也表明，经济激励与报告的漏洞数量有显著的正相关关系。经济奖励的存在也被发现与所识别的漏洞质量有关，因为没有经济奖励的漏洞奖励计划可能收到更多但质量较低的漏洞报告。

漏洞奖金的增加也被认为有助于漏洞发现者团队的“专业化”，并有助于新一代信息安全专业人员的发展。HackerOne平台强调，许多活跃的漏洞发现者将奖励作为他们每月收入的一部分。在HackerOne平台上参与调查的研究人员中，约25%的人年收入中至少有50%来自漏洞奖金，超过13%的人表示，奖金相当于他们年收入的90%～100%。在HackerOne平台上，约12%的研究人员每年能从漏洞奖励中获得2万美元甚至更多，超过3%的人每年能获得10万美元以上。

在信息安全经济学中，网络安全投资通常被认为具有正的但呈递减趋势的回报。然而，在漏洞披露方面似乎不是这样。如果出现收益递减，那么漏洞发现者的积极性下降，漏洞披露数量减少或漏洞披露时间间隔延长，其所获得的经济奖励将减少，系统中存在的漏洞将增加。因此，为了激励漏洞发现者的漏洞披露行为，有必要保持其边际收益平稳或递增。

漏洞发现者边际收益率的递减可能会影响其在漏洞奖励计划中的行为，尤其是当漏洞发现者披露漏洞的主要动机源自经济利益时，漏洞发现者会追求以最小化的努力获取最大化的经济奖励。单个漏洞奖励存在的时间越长，提交容易识别的漏洞的可能性就越大，而剩余的漏洞则更复杂或更难找到。漏洞发现者的努力水平和新发现者的进入率往往会随着时间的推移而下降，漏洞发现者可能会将注意力转向新建立的漏洞奖励计划，因为这些计划具有更容易识别的漏洞，从而带来更直接的经济和非经济回报。

大多数漏洞发现者参与漏洞披露是为了战胜漏洞发现过程中的技术挑战，由此证明他们的能力优于其他网络安全研究人员。一般而言，信息安全漏洞发现群体彼此之间存在着激烈的竞争，而发现漏洞能为个体在这个群体中带来声誉效益，主流的漏洞共享平台广泛利用积分系统和排行榜来激发漏洞发现者的成就感，增加因漏洞披露为其带来的声誉效益。由此可见，源于经济动机的漏洞发现者仅仅考虑自己的回报，由此可能导致“公地悲剧”，而与此相悖，许多漏洞发现者出于个人道德或责任感参与漏洞信息披露过程来积极影响其所处的漏洞发现群体，帮助提高整体信息安全，在某些情况下，这种责任感可能比经济奖励更重要。这种类型的行为也可以延伸到传统的安全漏洞发现群体之外。例如，漏洞共享平台收到的许多漏洞报告特别是有关业务逻辑漏洞的报告，是由软件服务的一般用户而非专业的网络安全漏洞研究人员提交的，这些软件用户很少要求给予漏洞发现经济奖励。

在安全研究人员群体中，强大的职业伦理道德往往会引导参与者在漏洞披露过程中对行为的强烈自我监管。先前许多安全研究人员认为,完全披露才是道德上正确的选择,也是提高安全的唯一途径。而如今,许多安全研究人员主张遵循协同漏洞披露(CVD)流程,允许供应商开发和推出适当的补救措施,无论是否涉及奖励。

(2) 外部经济激励因素

迄今为止,相关研究讨论的重点在于漏洞发现者内部的激励因素,这些因素源自漏洞发现者特有的选择和动机。然而,可能还存在其他超出了漏洞发现者直接控制的影响因素,这些因素可影响他们在漏洞披露过程中的行为和选择。这些因素包括:对敌意或惩罚的恐惧;法律方面的障碍或不确定性;适当的漏洞披露途径的缺乏;漏洞披露过程的存在性、效率和质量;供应商或协调者通信机制的结构和质量。

漏洞发现者或黑客历来受到歧视和怀疑,如怀疑他们的动机是否纯粹、行为是否具有恶意。有时他们报告了漏洞,却发现要么没有被理会(供应商可能不具备足够的技术技能或资源去补救或修复从漏洞发现者处接收到的已识别的漏洞),要么遭到供应商的敌意,甚至受到起诉的威胁。因此,如果漏洞披露的情况使漏洞发现者非常担心受到惩罚,那么可能会对漏洞披露数量和漏洞披露质量产生不利影响,即对网络安全漏洞的披露起到消极的激励作用。

此外,漏洞发现者或安全研究人员经常进入法律的灰色地带,尤其是在没有确定的漏洞识别或披露流程的情况下,未经授权访问或控制软件、硬件、服务通常是非法的,即便漏洞发现者已经发现该软件、硬件或服务存在一个有效的、确定的安全漏洞。如果不为漏洞发现者提供法律保障,那么供应商可能会将发现的漏洞的责任转移给网络安全漏洞发现者,以避免因漏洞产生的任何成本而被追究责任,即使该漏洞是善意报告的。

在缺乏明确的漏洞披露监管和立法制度的情况下,组织只能建立替代制度,以便通过市场机制和标准形式合同进行网络安全漏洞的处置。标准形式合同是软件服务双方之间的合同,合同的条款由一方确定,另一方当事人几乎没有或根本没有能力谈判更有利的条件。在协同漏洞披露(CVD)中,特别是在漏洞奖励计划中,法律界限和合同条款通常由组织或漏洞平台决定,给个别安全研究人员谈判或更改披露条款留的余地很小,这实质上迫使安全研究人员"要么接受,要么离开",许多安全研究人员也缺乏准确评估拟议合同条款的法律专业知识。大多数安全研究人员既不是律师,也没有受过法律方面的教育,这使得他们很难评估参与特定漏洞披露过程可能对个人带来的法律影响,网络安全漏洞发现者和供应商之间可能由于信息不对称而出现逆向选择。由于合同条款的起草通常是为了优先保护企业或漏洞平台,因此泄露漏洞的法律风险可能会转移到漏洞发现者个人身上,特别是在相关司法管辖范围内存在反黑客法相关的法律灰色地带,这对漏洞披露者提出了重大挑战,多达 60%的网络安全研究人员表示出于法律后果的威胁的考虑,他们可能不会与软件供应商合作披露漏洞。因此,必须有适当的漏洞披露途径来激励积极的漏洞发现者的披露行为。拥有更多可用网络安全资源的大型企业可以选择开发内部漏洞识别和披露机制,而规模较小的企业则可以选择通过外包或面向公众的漏洞赏金计划来寻求外部专家的帮助。因此,建立漏洞披露渠道可能会对漏洞发现者,特别是对存在多种参与途径的漏洞发现者起到积极的激励作用。

除了漏洞披露途径,漏洞披露流程的制度化和质量也会影响漏洞发现者的行为决策,以及与特定软件供应商或第三方漏洞共享平台接触的意愿。漏洞披露流程必须公开,且易于理解,并就漏洞披露过程的范围、要求及其期望提供明确的准则。一个明确并且制度化的政策可以减少漏洞发现者向供应商披露漏洞时的担忧或对惩罚的恐惧。

与漏洞披露过程相关,沟通的质量是另一个影响漏洞发现者行为的潜在因素。参与者之间的清晰、安全和有用的信息沟通对于成功的漏洞披露过程至关重要。一般情况下,漏洞披露沟通是由漏洞发现者发起的,为了验证和补救漏洞,往往会有一个漫长而复杂的沟通过程,而漏洞发现者希望通过与供应商或第三方漏洞共享平台定期沟通来标记这一过程,如果沟通结果未能达到漏洞发现者的期望,那么漏洞发现者将放弃负责任披露。

提供安全的报告渠道、允许匿名报告、重视信息的有效沟通以及防止过早披露信息等措施,可以促进漏洞披露过程中的有效沟通。沟通是漏洞披露过程中保持信任的关键,这是漏洞发现者在选择第三方漏洞共享平台或供应商时要考虑的一个重要因素。漏洞发现者可以避开漏洞披露记录不佳或有无响应通信记录的供应商。在漏洞披露环境中,漏洞发现者与其他参与者的体验通常与群体共享,尤其是在消极的情况下,这可能会反过来影响其他参与者未来的行为决策。因此,网络安全漏洞披露过程中各个参与主体之间在漏洞披露方面建立信任是避免信息安全发生“公地悲剧”的关键。

3. *组织行为激励*

组织包括私营组织和公共部门组织，如第三方漏洞共享平台或供应商以及代表国家利益的政府机构。

信息安全市场的经济特征影响供应商在软硬件开发和制造中的行为，有时会造成持久性漏洞。漏洞的持续存在对信息安全和漏洞披露工作构成挑战，特别是在面临软件或硬件产品上市速度与安全等经济激励因素的竞争时。因此，漏洞披露的组织决策是在信息安全的经济特征和经济激励的背景下做出的。

在漏洞披露方面，企业组织、第三方漏洞共享平台、政府组织扮演着不同的角色，其中，第三方漏洞共享平台的行为通常旨在最大限度地提高协同漏洞披露（CVD）的社会效益。相比之下，企业组织参与漏洞披露过程的原因往往是多方面的，并受到一些经济利益和激励因素的影响。企业组织进行漏洞披露的激励因素主要包括安全利益、经济利益、提高安全研究人员的意识与参与度、响应顾客需求以及道德和社会责任。企业组织进行漏洞披露的障碍主要包括缺乏安全意识、企业安全运营成本不足、缺乏管理支持、法律障碍等因素。

（1）企业组织的激励

企业组织可能会为了经济利益而进行漏洞披露。软件供应商可以通过降低开发、营销或安全保证成本等手段，从披露漏洞中获得直接的经济利益。协同漏洞披露（CVD）计划使企业组织能够以相对较少的努力和较低的成本获得效率收益。漏洞奖励计划对不同规模的机构都可能是一个有效的选择，研究表明，这类计划获得的成本效益要比雇佣外部安全研究人员识别漏洞高2~100倍。与渗透测试或其他形式的安全测试相比，CVD和漏洞奖励可能无法执行相同范围或深度的测试。

企业组织主要参与CVD或运行漏洞奖励程序，因为这类程序可以带来预期的安全收益。在竞争激烈的信息安全市场中，合格和有经验的安全研究人员稀缺，而攻击者具有竞争优势，通过CVD或漏洞奖励程序将漏洞发现任务外包，吸引大量安全研究人员为企业组织发现漏洞，有利于企业组织的网络安全防御。

组织可以聘请外部安全顾问进行安全测试和审计，但外部承包商通常受商定的预算、范围、时间和任务地点的约束,这最终可能会限制可以识别的漏洞数量。而通过使用CVD或漏洞奖励计划,组织可以不断收到漏洞报告,还可以基于漏洞奖励计划,根据有效漏洞的严重程度支付费用,即通过“基于结果”的模式而不是“基于时间”的模式支付费用。

除了感知到的漏洞披露的安全好处外,企业组织还可能出于三种更广泛的激励动机组合而参与CVD:

① 提高安全研究团体的意识与参与度。CVD或漏洞奖励计划可以帮助提高组织内部特别是管理层对信息安全问题的重视程度,以及帮助提高社会群体对于信息安全重要性的意识水平。近年来,CVD和漏洞奖励计划的增加引起了媒体、政策制定者和更广泛的公众对信息安全问题的高度关注。CVD和漏洞奖励计划还可以通过启用双向讨论,促进组织更富有成效地与安全社区互动,从而有助于建立信任和培养生态系统思维。

② 为了响应客户的需求,软件供应商制定漏洞披露流程以增强整体产品安全性或将其展示为综合安全实践的衡量标准。在当前的安全环境中,用户或特定的用户群体可能更倾向于和对安全进行投资或在漏洞披露方面展示领导地位的软件供应商合作。因此,软件供应商对安全需求的认识凸显了通过客户或用户偏好和需求影响软件供应商行为的可能性。如果客户越来越了解安全并减少信息的不对称,那么供应商可能会更有动力进一步投资安全措施和CVD。

③ 出于道德或社会责任,供应商从事漏洞披露。促进整体安全或促进整体社会福利是一种道德或社会责任,因此针对核心互联网基础设施、开源软件的漏洞奖励计划经常受到供应商的赞助,如福特基金会、微软和HackerOne。

然而,并不是所有的组织都有CVD政策或开展漏洞披露计划,目前有一些障碍或抑制因素降低了组织参与漏洞披露的可能性,如CVD或漏洞奖励计划的实施和运营成本高等。一些企业组织认为对信息安全或CVD投资不是一个合理的商业决策,因其无法产生足够的投资回报。企业组织也可能认为CVD或漏洞奖励计划成本过高,因为企业组织需要为漏洞披露制定流程、政策和程序,并将资源用于披露计划的管理和运营。所需资源根据企业组织的规模、实施的漏洞披露计划的范围和性质以及组织和技术能力的不同而有所不同。这些成本问题也可能源于对大量无效漏洞报告所导致的额外工作的担忧,这些工作可能会使分析师占用完成其他更重要的安全任务的宝贵时间。事实上,一些漏洞奖励平台已经承认,运行漏洞奖励程序的主要挑战之一是管理错误或无效报告。无效漏洞报告的数量占 35%~55%,这对网络安全资源的配置有重大影响。

近年来,人们对漏洞披露的认识逐步提高,但企业组织职能部门若缺乏高层管理者的支持,可能会阻碍 CVD 的采用。特别是在漏洞披露不太常见的行业,或在信息安全管理制度不太成熟的企业组织中,组织职能部门很难认识到 CVD 或漏洞奖励计划可能实现的潜在安全和经济利益。在这种情况下,企业组织也可能面临“先发者”挑战,即一个企业组织不愿成为其部门或行业第一个实施 CVD 或漏洞奖励政策或计划的组织。

若企业缺乏组织或技术能力去设计、实施和操作 CVD 或漏洞奖励计划,即使有管理支持和资金支持,也会阻碍组织的漏洞披露工作。设计和适当地确定漏洞披露政策的范围是组织面临的主要挑战之一,特别是如果该企业组织是一个新进入漏洞披露的组织。组织和技术能力也是执行 CVD 或漏洞奖励计划的推手,组织必须有足够的人员、技术知识和能力来接收漏洞、分类漏洞以及制定漏洞补救措施,同时与安全研究人员保持高效、透明的沟通。

在实施漏洞披露计划时,特别是在实施漏洞奖励计划时,会出现法律方面的障碍或不确定性。CVD 或漏洞奖励包括邀请世界上任何地方的安全研究人员来探索和测试一个组织的系统,这可能会产生意想不到的后果。组织担心安全研究人员的行为危及系统完整性、商业敏感信息和知识产权,担心其向第三方、竞争对手或公众披露数据或漏洞。对于组织来说,熟悉并适应复杂的法律环境也是一项挑战,特别是如果它们在多个国家的司法管辖区运营,或者要与多个国家的平台或安全研究人员打交道时。组织在将 CVD 或漏洞奖励政策与最终用户许可协议或其他法律协议相结合时经常面临挑战。

除了接收漏洞报告之外,软件供应商还在其他方面发挥作用,如提供补救措施或修补已识别的漏洞。Arora 和 Telang 的研究表明,考虑到信息安全市场的经济因素的本质,在不受监管的情况下,供应商实施的修补行为往往低于社会最优。这主要是由信息安全市场的外部性驱动的,在信息安全市场中,漏洞被利用所产生的成本并不是由对漏洞负有最终责任的软件供应商承担的,而是在供应链的不同参与者之间普遍存在责任倾销或转移。修补的行为也受到漏洞的性质(如高危漏洞的修补速度更快)、软件类型(如开源软件的修补速度通常比版权软件快)和更新的类型的漏洞打补丁(如安全补丁的更新速度比功能部署快)的影响。通常来说,影响多个软件供应商的漏洞修补速度比单个软件的快,而漏洞的披露会加速补救工作和适当补丁的发布。若通过可信任的合作伙伴披露漏洞,则可能会进一步加快修补行为,这突出了披露协调员声誉的重要性。

考虑与公开披露相关的感知安全风险,组织可选择不公开披露所报告的漏洞,因为公开披露会暴露敏感的商业实践或技术细节,可能会导致组织遭受其他类型的攻击。此外公开披露漏洞的能力受组织的监管或立法环境(如在金融领域运营的公司)的影响。与其他形式的漏洞披露相比,不公开披露修复漏洞的决定在企业漏洞奖励程序中更常见。

(2) 政府机构的激励

政府在漏洞披露过程中发挥的不同作用影响漏洞披露的动机,政府是漏洞披露过程中的多方面行动者,它可以扮演包括漏洞发现者、供应商/漏洞所有者、漏洞协调员或负责漏洞储存的多种角色。政府可以通过以下几种方式进行漏洞披露:

① 作为漏洞协调者或项目所有者,政府实体运行负责任披露计划,研究人员可以在该计划中报告其在政府应用程序、服务网络中发现的漏洞。

② 如果政府机构从事安全研究或安全测试工作并识别漏洞,那么作为漏洞发现者,政府可以通过定期的和持续的信息安全工作或通过专门努力,以维护国家安全为目的,进行安全研究或安全测试,以便找出漏洞。

③ 如果国防、国家安全或情报部门的政府管理者识别或接收到因涉及国家安全利益而未公开披露或延迟披露的漏洞,那么作为漏洞的购买者或维护者,国家可以基于安全目的对部分漏洞不予披露。

3.4　网络安全漏洞的评价与分级

2020年,国家市场监督管理总局和国家标准化管理委员会发布了《信息安全技术　网络安全漏洞分类分级指南》(GB/T 30279—2020),提供了网络安全漏洞的分类方式、分级指标,给出了分级方法的建议,方便网络产品和服务的提供者、网络运营者、漏洞收录组织、漏洞应急组织在漏洞管理、产品生产、技术研发、网络运营等相关活动中进行漏洞分类和危害等级评估等。主要的漏洞收录组织在标准规范的基础上也发布了各自的漏洞分级规范,如国家信息安全漏洞库(CNNVD)规定了信息安全漏洞危害程度的评价指标和等级划分方法,凡是被CNNVD收录的漏洞,必须适用其分级规范进行评价分级。

3.4.1 网络安全漏洞评价涵盖对象

漏洞是计算机信息系统在设计、实现、配置、运行等过程中,有意或无意产生的缺陷。这些缺陷以不同的形式存在于计算机信息系统的各个层次和环节之中,一旦被恶意主体所利用,就会对计算机信息系统的安全造成损害,从而影响计算机信息系统的正常运行。第三方平台在接收到漏洞后,需要对漏洞做出合理评估,主要评估的对象包括:

(1) 脆弱性组件,指包含漏洞的组件,通常是软件应用、软件模块、驱动以及硬件设备等。攻击者可通过利用脆弱性组件中的漏洞来发动攻击。

(2) 受影响组件,指漏洞被成功利用后遭受危害的组件,如软件应用、硬件设备、网络资源等。受影响组件可以是脆弱性组件本身,也可以是其他软件、硬件或网络组件。

(3) 影响范围,指漏洞被成功利用后遭受危害的资源的范围。若受漏洞影响的资源超出了脆弱性组件的范围,则受影响组件和脆弱性组件不同;若受漏洞影响的资源局限于脆弱性组件内部,则受影响组件和脆弱性组件相同;若受影响组件和脆弱性组件不同,则影响范围发生变化,否则影响范围不变。例如,假设某即时聊天工具中存在一个漏洞,攻击者利用该漏洞可造成主机系统中的部分信息(如用户的Word文档、管理员密码、系统配置)泄露。这个例子中,脆弱性组件是即时聊天工具,受影响组件是主机系统,脆弱性组件和受影响组件不同,漏洞的影响范围发生变化。又如,假设某数据库管理系统中存在一个漏洞,攻击者利用该漏洞可窃取数据库中的全部数据。这个例子中,脆弱性组件是数据库管理系统,受影响组件是数据库管理系统,脆弱性组件和受影响组件为相同组件,漏洞的影响范围不变。

3.4.2 网络安全漏洞评价指标体系

网络安全漏洞的评价指标有两类,分别是可利用性指标和影响性指标。可利用性指标主要描述漏洞利用的方式和难易程度,反映脆弱性组件的特征,应依据脆弱性组件进行评分。影响性指标主要描述漏洞被成功利用后给受影响组件造成的危害,主要依据受影响组件进行评分。

1. 可利用性指标组

可利用性指标组刻画脆弱性组件(即包含漏洞的事物)的特征,反映漏洞利用的难易程度和技术要求等。可利用性指标组包含四个指标,分别是攻击途径、攻击复杂度、权限要求和用户交互。每一个指标的取值都应当根据脆弱性组件进行判断,并且在判断某个指标的取值时不考虑其他指标。

(1) 攻击途径。该指标反映攻击者利用漏洞的途径,即是否可通过网络、邻接、本地和物理接触等方式利用漏洞。

攻击途径的赋值如下:

① 网络。脆弱性组件是网络应用,攻击者可以通过互联网利用该漏洞。这类漏洞通常称为“可远程利用的”,攻击者可通过一个或多个网络跳跃(跨路由器)利用该漏洞。

② 邻接。脆弱性组件是网络应用,但攻击者不能通过互联网(即不能跨路由器)利用该漏洞,只能在共享的物理网络(如蓝牙、Wi-Fi)或逻辑网络(如本地 IP 子网)内利用该漏洞。

③ 本地。脆弱性组件不是网络应用,攻击者通过读或写操作或者运行应用程序、工具来利用该漏洞。有时攻击者需要本地登录,或者需要用户执行恶意文件才可以利用该漏洞。当漏洞被利用,需要用户下载或接受恶意内容(或者需要本地传递恶意内容)时,攻击途径赋值为“本地”。

④ 物理接触。攻击者必须物理接触或操作脆弱性组件才能发起攻击。物理交互可以是短暂的,也可以是持续的。

对漏洞被攻击路径的选择判断如图 3-7 所示。

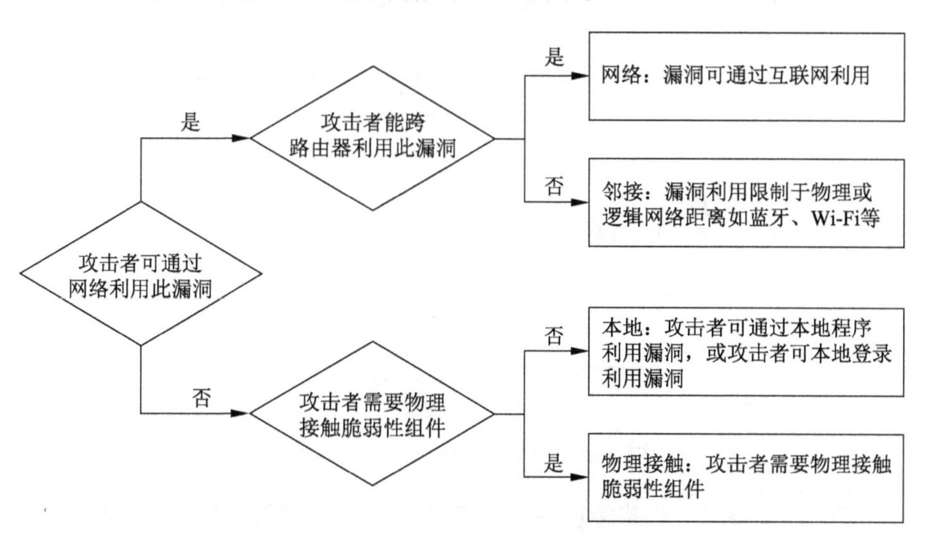

图 3-7　对漏洞被攻击路径的选择判断

(2)攻击复杂度。该指标反映攻击者利用漏洞实施攻击的复杂程度,描述攻击者利用漏洞时是否必须存在一些超出攻击者控制能力的软件、硬件或网络条件,如软件竞争条件、应用配置等。对于必须存在特定条件才能利用的漏洞,攻击者可能需要收集关于目标的更多信息。在评估该指标时,不考虑用户交互的任何要求。

攻击复杂度的赋值如下:

① 低。不存在专门的访问条件,攻击者可以期望重复利用漏洞。

② 高。漏洞的成功利用依赖于某些攻击者不能控制的条件。也就是说,攻击者不能任意发动攻击,在预期成功发动攻击前,攻击者需要对脆弱性组件投入一定准备工作,包括:攻击者必须对目标执行有针对性的调查,如目标配置的设置、序列数、共享秘密等;攻击者必须准备目标环境以提高漏洞利用的可靠性;攻击者必须将自己注入攻击目标和受害者所请求的资源之间的逻辑网络路径中,以便读取或修改网络通信(如中间人攻击)。

在攻击复杂度取值为“高”的描述中,对攻击者在成功发动攻击前所做的准备工作没有进行定量的描述只要攻击者必须进行一些额外的努力才能利用这个漏洞,攻击复杂度就是“高”,如漏洞利用时需要配置其他的特殊状态,需要监视或者改变受攻击实体的运行状态等。若漏洞利用时所需要的条件要求不高,如只需构造一些简单的数据包,则攻击复杂度为“低”。

对漏洞被攻击复杂性的判断如图 3-8 所示。

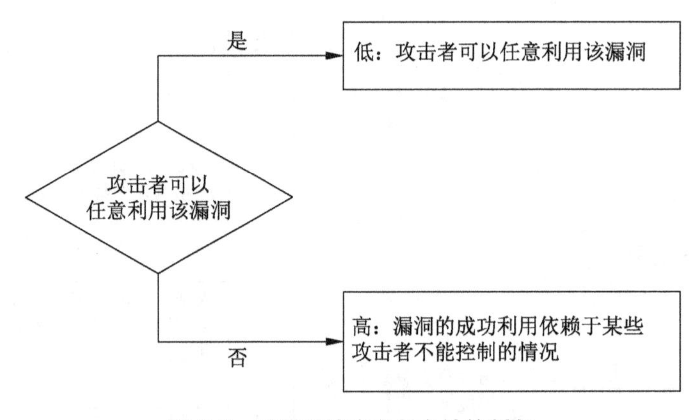

图 3-8　对漏洞被攻击复杂性的判断

(3) 权限要求。该指标反映攻击者成功利用漏洞需要具备的权限层级,即利用漏洞时是否需要拥有对该组件操作的权限(如管理员权限、guest

权限)。

权限要求的赋值如下:

① 无。攻击者在发动攻击前不需要授权,执行攻击时不需要访问任何设置或文件。

② 低。攻击者需要取得普通用户权限,该类权限对脆弱性组件有一定的控制能力,具有部分(非全部)功能的使用或管理权限,通常需要通过口令等方式进行身份认证,如操作系统的普通用户权限、Web 等应用的注册用户权限。

③ 高。攻击者需要取得对脆弱性组件的完全控制权限。通常该类权限对于脆弱性组件具有绝对的控制能力,如操作系统的管理员权限、Web 等应用的后台管理权限。

正常情况下,具有普通用户权限只能对该用户拥有的设置和文件进行操作。假设具有普通用户权限的攻击者通过利用漏洞获得权限提升,能够在目标系统上执行任意命令。对于这种情况,权限要求为“低”,至于权限提升后造成的危害,会在影响性指标组中体现。

对漏洞被攻击权限要求的选择判断如图 3-9 所示。

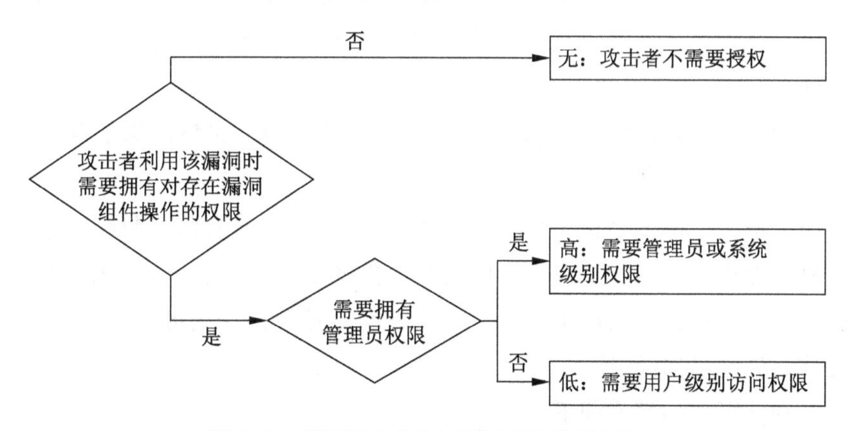

图 3-9　对漏洞被攻击权限要求的选择判断

(4) 用户交互。该指标反映成功利用漏洞是否需要用户(而不是攻击者)的参与,该指标识别攻击者是否可以根据其意愿单独利用漏洞,或者要求其他用户以某种方式参与。

用户交互的赋值如下:

① 不需要。无需任何用户交互即可利用漏洞。

② 需要。漏洞的成功利用需要其他用户在漏洞被利用之前执行一些操作(如打开某个文件、点击某个链接、访问特定的网页等)。

假设某个漏洞只能在系统管理员安装应用程序期间才可能被利用,对于这种情况,用户交互是“需要”。

对漏洞被攻击用户交互要求的选择判断如图 3-10 所示。

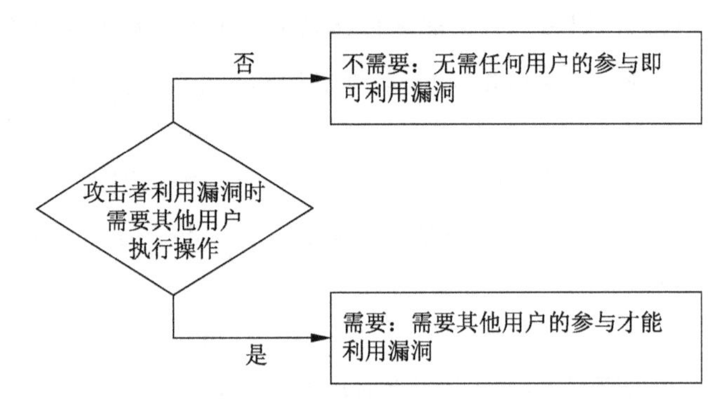

图 3-10　对漏洞被攻击用户交互要求的选择判断

2. 影响性指标组

影响性指标组反映漏洞成功利用后所带来的危害。漏洞的成功利用可能危害一个或多个组件,影响性指标组的分值应当根据遭受最大危害的组件进行评定。

影响性指标组包括三个指标,分别是机密性影响、完整性影响和可用性影响。

(1) 机密性影响。该指标度量漏洞的成功利用对信息资源机密性的影响。机密性指只有授权用户才能访问受保护的信息资源,限制向未授权用户披露受保护信息。机密性影响是指对受影响服务所使用的数据的影响,如系统文件丢失、信息暴露等。

机密性影响的赋值如下:

① 高。机密性完全丢失,导致受影响组件的所有资源暴露给攻击者;或者攻击者只能得到一些受限信息,但是暴露的信息可以导致受影响组件直接的、严重的信息丢失。例如,攻击者获得了管理员密码、Web 服务器的私有加密密钥等。

② 低。机密性部分丢失,攻击者可以获取一些受限信息,但是攻击者不能控制获得信息的数量和种类。披露的信息不会引起受影响组件直接的、严

重的信息丢失。

③ 无。受影响组件的机密性没有丢失,攻击者不能获得任何机密信息。

机密性影响为“高”表示攻击者能够获得受影响组件的全部信息,或者攻击者能够获得他想要的任何信息,或者能够利用得到的部分信息进一步获得他想要的任何信息。

机密性影响为“低”表示攻击者只能获得部分受限信息,并且利用得到的部分信息也不能进一步获得任意信息。

漏洞对信息安全机密性影响的判断如图3-11所示。

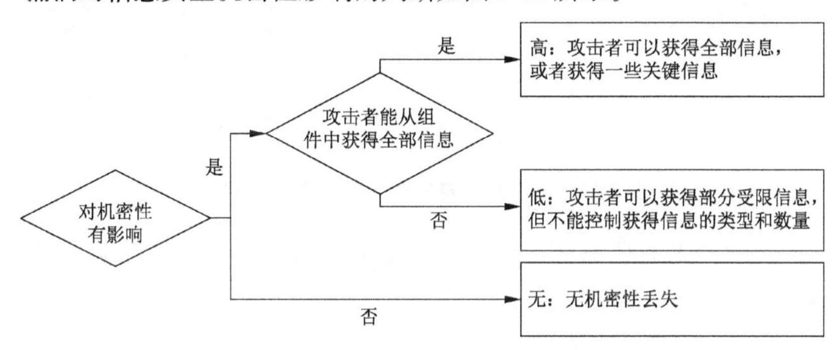

图3-11 漏洞对信息安全机密性影响的判断

(2)完整性影响。该指标度量漏洞的成功利用对信息安全完整性造成的影响。完整性指信息的可信性与真实性,若攻击者能够修改被攻击对象中的文件,则完整性受到影响。完整性是指对受影响服务所使用的数据的影响。例如,Web内容被恶意修改、攻击者可以修改或替换文件等。

完整性影响的赋值如下:

① 高。完整性完全丢失,或者完全丧失保护。例如,攻击者能够修改受影响组件中的任何文件;或者攻击者只能修改一些文件,但是恶意的修改能够给受影响组件带来直接的、严重的后果。

② 低。攻击者可以修改数据,但是不能控制修改数据造成的后果,或者修改的数量是有限的。数据修改不会给受影响组件带来直接的、严重的影响。

③ 无。受影响组件的完整性没有丢失,攻击者不能修改受影响组件中的任何信息。

完整性影响为“高”表示攻击者能够修改或替换受影响组件中的任何文件,或者攻击者能够修改或替换自己想修改的任何信息,或者攻击者能够修改或替换一些关键信息,如管理员密码。

完整性影响为“低”表示攻击者只能修改或替换部分文件,不能任意修改或替换文件,也不能修改或替换关键文件。

漏洞对信息安全完整性影响的判断如图 3-12 所示。

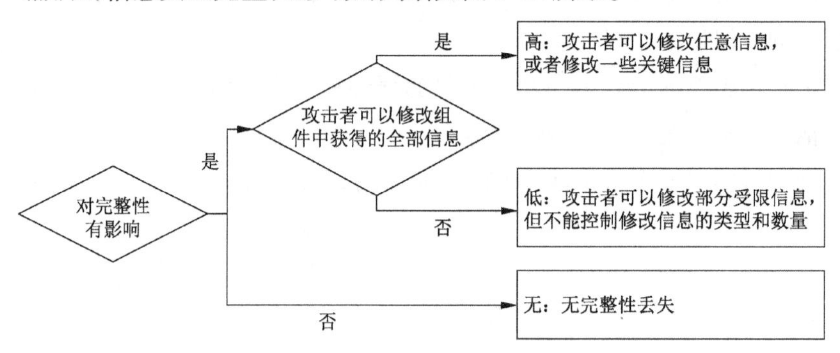

图 3-12　漏洞对信息安全完整性影响的判断

(3) 可用性影响。该指标度量漏洞的成功利用给受影响组件的性能带来的影响。机密性影响和完整性影响反映漏洞的成功利用对受影响组件数据的影响。例如,网络内容被恶意修改(完整性受影响)或系统文件被窃(机密性受影响)。可用性影响反映漏洞的成功利用对受影响组件操作的影响。

可用性影响的赋值如下:

① 高。可用性完全丧失,攻击者能够完全拒绝合法用户对受影响组件中资源的访问;或者攻击者可以拒绝部分可用性,但是能够给受影响组件带来直接的、严重的后果。例如,尽管攻击者不能中断已存在的连接,但是能够阻止新的连接;攻击者能够重复利用一个漏洞,虽然每次利用只能少量影响组件的性能,但是重复利用可以使一个服务变得不可用。

② 低。攻击者能够降低资源的性能或者中断其可用性。即使攻击者能够重复利用某个漏洞,但是也不能完全拒绝合法用户的访问。受影响组件的资源是部分可用的,或在一些时候是完全可用的,但总体上不会给受影响组件带来直接的、严重的后果。

③ 无。受影响组件的可用性不受影响,攻击者不能降低受影响组件的性能。

如在互联网服务如网页、电子邮件或 DNS 中存在一个漏洞,若该漏洞允许攻击者修改或删除目录中的所有文件,则该漏洞的成功利用会导致完整性受影响,而可用性不会受到影响。这是因为网络服务仍然能正常执行,只是其内容被改变了。

可用性影响表示对服务自身性能和操作的影响,不是对数据的影响。由于可用性是指信息资源的可访问性,因此消耗网络带宽、处理器周期或磁盘空间的攻击都会影响受影响组件的可用性。

可用性影响为“高”表示受影响的组件完全不能响应,完全不能正常工作、不能操作、不能提供服务;或者攻击者可以阻止新的访问,通过重复利用漏洞消耗受影响组件的资源使其不能进行正常的服务。

可用性影响为“低”表示受影响的组件的性能降低,部分服务受到影响,但不会造成完全不能工作。

漏洞对信息安全可用性影响的判断如图 3-13 所示。

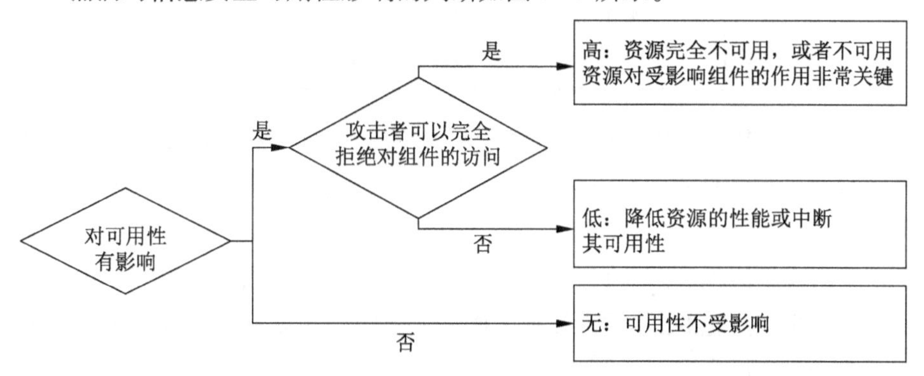

图 3-13　漏洞对信息安全可用性影响的判断

3.4.3　网络安全漏洞评分与评级

漏洞的危害可采用评分或分级的方式进行评价。漏洞的评分由可利用性指标组的评分和影响性指标组的评分两部分共同组成。漏洞的危害等级可根据其评分进行划分。

(1) 可利用性指标组的评分。可利用性指标组中各个指标的不同取值的组合有不同的评分。

(2) 影响性指标组的评分。影响性指标组中各个指标的不同取值的组合有不同的评分。

(3) 漏洞评分与等级划分。

漏洞的分值为 0~10.0 分,漏洞的评分规则如下:

① 漏洞评分=可利用性评分+影响性评分;

② 如果可利用性评分+影响性评分>10.0 分，那么漏洞评分=10.0 分；

③ 漏洞分值保留到小数点后 1 位，若小数点后第二位的数字大于 0，则小数点后第一位数字加 1。

国家信息安全漏洞库（CNNVD）将漏洞的危害级别划分为四个等级，从高至低依次为超危、高危、中危和低危。漏洞危害等级的具体划分方式见表 3-1。

表 3-1　漏洞危害等级划分

漏洞评分/分	漏洞等级
9.0~10.0	超危
7.0~8.9	高危
4.0~6.9	中危
0~3.9	低危

中国企业级网络安全市场的领军者，专注于为政府和企业提供网络安全产品和网络安全服务的综合型集团公司奇安信在 2020 年下半年对外推出了 NOX 安全监测平台，该平台可为企业级用户提供漏洞相关情报。奇安信对漏洞情报的输出流程如图 3-14 所示。本着客户优先的原则，通告更偏向于输出具有实际缓解措施的漏洞情报，所以很多未经验证和没有防护措施的漏洞不会被急于发布通告。

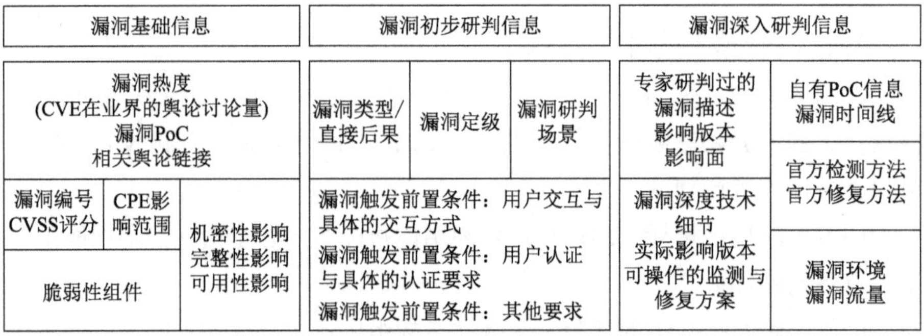

漏洞基础信息
漏洞热度（CVE在业界的舆论讨论量）
漏洞PoC
相关舆论链接
漏洞编号
CVSS评分
CPE影响范围
脆弱性组件
机密性影响
完整性影响
可用性影响

漏洞初步研判信息
漏洞类型/直接后果
漏洞定级
漏洞研判场景
漏洞触发前置条件：用户交互与具体的交互方式
漏洞触发前置条件：用户认证与具体的认证要求
漏洞触发前置条件：其他要求

漏洞深入研判信息
专家研判过的漏洞描述
影响版本
影响面
自有PoC信息
漏洞时间线
官方检测方法
官方修复方法
漏洞深度技术细节
实际影响版本
可操作的监测与修复方案
漏洞环境
漏洞流量

图 3-14　奇安信对漏洞情报的输出流程

3.5　美国网络安全漏洞披露的规则

3.5.1　以负责任披露为核心的传统漏洞披露政策

2015年前，美国行业界广泛承认和支持的是负责任披露，当时的披露政策也偏重该种类型。美国计算机紧急事件响应小组协调中心（CERT/CC）2000年发布的披露机制属于负责任披露中较为开放的，偏重于保护用户的知情权。CERT/CC起到的作用类似于第三方政府机构，负责将漏洞发现者报告的漏洞反馈给厂商，督促其测试、研发补丁，披露期限为收到该漏洞报告后的45天内，特殊情况下可延长至90天。

2004年，美国国家基础设施委员会（NIAC）在调查、研究实践的基础上，提出了更全面的漏洞披露政策，包括根据危害性进行漏洞评分、鼓励公私部门信息共享、漏洞修复具有优先级等。

2004年，因特网安全组织（OIS）发布的漏洞披露指引政策更侧重漏洞报告的响应机制，规定漏洞发现者向厂商发送漏洞报告之后，厂商应在7个工作日内进行回复。相关部门在研究出补丁之后方可向社会发布漏洞。为加快研究速度以维护安全，相关部门可在发现漏洞的30天内向利益相关方分享漏洞的详细信息。

以负责任披露为核心的美国传统漏洞披露政策以保护用户知情权为出发点，在明确漏洞披露周期管理的基础上重视利益相关方的协调，鼓励相关部门信息共享，同时也注重保护漏洞发现者的合法利益和激发其积极性。

3.5.2　以协同披露为趋势的现代漏洞披露政策

以协同披露为核心的规则成为现行美国政策和立法的新趋势，2015年通过的《网络安全信息共享法》（CISA）、2016年公开的VEP政策、2017年提出的补丁法案等均体现了这一趋势。

1.《网络安全信息共享法》

《网络安全信息共享法》授权政府机构、企业以及公众可以在法定条件和程序下共享网络安全信息。总体来说，CISA围绕“网络威胁指标”和“防御措施”建立了美国网络安全信息共享的基本框架。

尽管CISA并未专门针对安全漏洞信息披露而设计共享框架，但其相关举措仍然衍生出一条重要的安全漏洞信息披露原则，即合法披露原则。私人实体需要满足两个条件:合法目的和行为授权。

2. VEP 政策

奥巴马政府时期,美国联邦调查局、国家安全局等政府部门制定和施行了 VEP 政策,依据 VEP 公开的规定,美国政府实体对于任何来源的网络安全漏洞信息的裁决程序如下:第一,基于漏洞分级,在触发特定阈值时向国家安全局指定担任的执行秘书长通报;第二,执行秘书长通知政府相关的利益相关方,指定特定联络人,由各方反馈是否启动裁决程序;第三,提出裁决要求的所有利益相关方指派特定专家参与讨论,并向裁决审查委员会提出决策建议;第四,裁决审查委员会做出如何响应漏洞的倾向性决定,若利益相关方有异议,则该机构可向某特定内设机构提出申诉。

VEP 规定体现出这一阶段美国网络安全漏洞披露政策的三大特点:第一,网络安全漏洞的来源十分广泛;第二,网络安全信息呈单向线性流动;第三,国家安全局具有多重身份和相当的自由裁量权。

3. 补丁法案

2017 年 5 月 17 日,美国国会提出了一项新法案《2017 反黑客保护能力法案》,也被称为《2017 补丁法案》。总体来说,《2017 补丁法案》在“是否披露”和“如何披露”两个核心问题上体现出了美国政府对 VEP 政策的改进。

首先,《2017 补丁法案》改变了漏洞披露裁决的顶层决策机制,实现了从国家安全局到国土安全部主导的过渡;其次,《2017 补丁法案》增加了推定披露程序;再其次,《2017 补丁法案》加大了向厂商的安全漏洞披露倾向;最后,《2017 补丁法案》规定,对于裁决禁止披露但因各种原因进入公众领域的网络安全漏洞,应按照 CISA 制定的程序实施。

3.5.3 美国网络安全漏洞披露规则的主要特点

(1) 高度重视网络安全漏洞披露问题;

(2) 网络安全漏洞披露过程中注重充分保护用户知情权,强调多利益相关方的利益协调;

(3) 基于刑法和知识产权法对未经授权的漏洞发现和披露行为予以规制,注重保护善意漏洞发现和披露者的合法利益;

(4) 鼓励政府机构、企业和公众在法定条件和程序下实时共享网络安全信息,授权联邦政府披露合法共享的安全漏洞信息;

(5) 将网络安全漏洞披露规则的制定上升到与国家安全和政治利益密切

相关的高度；

(6) 构建国家层面统一的网络安全漏洞披露协调和决策机制，并积极推动从政策到立法的转变。

3.6　我国网络安全漏洞披露的规则

3.6.1　我国网络安全漏洞披露的现状

我国现有立法对网络安全漏洞披露的规定散见在《中华人民共和国刑法》(以下简称《刑法》)、《网络安全法》和《关键信息基础设施安全保护条例(征求意见稿)》等法律法规中。《刑法》第二百八十五条和第二百八十六条规定了未经授权访问计算机信息系统的刑事责任。学界普遍认为，恶意公布、售卖安全漏洞的行为因无限放大了黑客攻击行为而使其本身具有巨大的社会危害性，此种危害性必将随着计算机和网络在社会各个方面使用得更加普遍化和深入化而得到凸显，在这种形势下，应当将此类行为加以入罪化处置。

《关键信息基础设施安全保护条例(征求意见稿)》第十六条进一步提出，任何个人和组织未经授权不得对关键信息基础设施开展渗透性、攻击性扫描探测；第三十五条规定"面向关键信息基础设施开展安全检测评估，发布系统漏洞、计算机病毒、网络攻击等安全威胁信息，提供云计算、信息技术外包等服务的机构，应当符合有关要求"，同时授权国家网信部门会同国务院有关部门制定相关规定。

《网络安全法》第二十二条规定了产品和服务提供者对自身漏洞的告知和报告义务；第二十六条向社会发布系统漏洞、计算机病毒、网络攻击、网络侵入等网络安全信息，应当遵守国家有关规定；第五十一条强调由国家统一发布网络安全监测预警信息。

工业和信息化部会同有关部门起草了《网络安全漏洞管理规定(征求意见稿)》，第五条提出"工业和信息化部、公安部、国家互联网信息办公室等有关部门实现漏洞信息实时共享"；第十条提出"鼓励第三方组织和个人获知网络产品、服务、系统存在的漏洞后，及时向国家信息安全漏洞共享平台、国家信息安全漏洞库等漏洞收集平台报送有关情况"。

3.6.2　网络安全漏洞披露规则的结构体系

漏洞平台、相关厂商、信息系统管理方和国家互联网应急中心(CNCERT)

应协同一致做好漏洞信息的接收、处置和发布等环节的工作，做好漏洞信息披露和处置风险管理，避免因漏洞信息披露不当和处置不及时而危害到国家安全、社会安全、企业安全和用户安全。网络安全漏洞披露规则的结构体系围绕网络安全漏洞披露主体、各参与主体的责任、网络安全漏洞信息披露原则和网络安全漏洞披露的责任豁免规定进行设计。

1. 网络安全漏洞披露的主体

合法的安全漏洞披露主体包括以下几类：

（1）厂商。作为网络产品和服务的提供者，厂商是最初始意义上的安全漏洞发现者和最无争议的安全漏洞披露主体。

（2）政府机构。政府机构作为合法漏洞披露主体，包括两个层次：第一，国家级安全漏洞披露平台；第二，安全漏洞披露协调和决策机构。

（3）网络安全服务机构。第三方漏洞披露平台应以成为专业的网络安全服务机构为发展方向，成为符合法律要求的责任主体。

2. 各参与主体的责任

相关软件厂商的主要责任：高度重视软硬件产品漏洞和信息系统漏洞可能对产品用户和系统用户造成的危害，积极回应 CNCERT、漏洞平台以及漏洞报送者提供的漏洞信息，及时核实确认并提供和发布漏洞补丁或解决方案。应从产品研发、测试和发布等环节加强协同管理，及时应对新出现的漏洞，在产品远程升级、用户系统维护方面做好技术准备和主动服务，确保漏洞修复措施的有效性和覆盖面。积极配合 CNCERT 做好技术分析和用户威胁评估，缩短应急响应周期。通过网站、邮件等方式及时披露和推送本单位生产、提供的软硬件产品的漏洞描述信息或预警信息，并同时向 CNCERT 报备，以保障产品用户和系统用户的知情权和安全利益。

政府机构的主要责任：积极参与漏洞的接收、验证、处置、发布监督，与漏洞平台建立漏洞归口处置机制和信息披露审核联动机制；加强技术手段建设，做好漏洞信息威胁和危害的准确评估；积极建立与政府和重要信息系统部门、行业单位的处置联系渠道，协同做好漏洞处置监督。对重大漏洞风险和攻击情况及时跟踪，必要时发布核查和处置情况。

第三方漏洞平台的主要责任：建立规范的漏洞信息接收、处理和发布流程。要对漏洞报送者提交的信息进行预先核实，确保漏洞信息的真实性和完整性，以便于漏洞验证和核实；建立信息分发处理机制，确保漏洞信息及时流转到处置环节;规范漏洞信息发布机制,建立与CNCERT联动的信息审核发布机制,加强对漏洞平台用户的管理,确保漏洞披露和扩散渠道可控、可追溯。

3. 网络安全漏洞信息披露原则

在网络安全漏洞披露过程中应遵循“客观、适时、适度”三原则:

(1) 客观披露原则。要对公开发布的漏洞信息进行披露审核,漏洞平台与政府相关职能部门建立披露审核联动机制,确保漏洞信息涉及的目标对象、风险情况描述不出现重大偏差;要注重区分漏洞风险和攻击事件,不能将漏洞可导致的潜在风险作为网络攻击事件进行披露和引导,以免引起媒体舆论和社会公众的恐慌。根据政府部门和涉事单位核实后的情况,漏洞平台应对漏洞信息中出现的不符合事实的情况进行及时更正。

(2) 适时披露原则。加强政府职能部门、漏洞平台、相关厂商和信息系统管理方的处置联动,在相关方未接收到漏洞信息、完成漏洞处置前或预定时限前不应提前公开发布漏洞的相关信息。针对不同类型漏洞的修复规律和所需周期,各方研判后协商拟定漏洞的公开披露时间。

(3) 适度披露原则。不得披露国家政策法规和主管部门禁止披露的信息系统漏洞,不得披露违反知识产权保护法律法规及商业机密协定的漏洞信息。在漏洞处置完成前,按照披露审核联动机制对可通过公开信息的标题、描述等猜解到具体目标系统、攻击手法的信息进行弱化处理,避免相关漏洞被黑客利用实施网络攻击。

4. 网络安全漏洞披露的责任豁免规定

网络安全漏洞披露规则的设计应充分考虑漏洞发现者、用户、厂商、政府机构等相关主体的利益平衡,并以保障用户合法权益、社会公共安全、关键信息基础设施安全乃至国家安全为最终目的。总结美国CISA的规定可以看出,合法披露是网络安全漏洞披露的首要原则,其必要前提是目的合法和行为授权。我国网络安全漏洞披露同样应该限定在目的合法和行为授权的框架内。

网络安全漏洞披露的责任豁免是指在形式上符合漏洞披露禁止规定的行为,由于符合免除责任的规定而从网络安全漏洞披露规定的适用中排除,以豁免的形式授予相关主体和行为的合法性。网络安全漏洞责任豁免规定具有维护网络安全、推动网络安全产业的创新、实现多方利益平衡的重要价值。

网络安全漏洞披露的责任豁免主要包括两种情形：一是对披露主体的安全研究人员（如“白帽子”等）善意披露网络安全漏洞的行为给予的责任免除规定。美国“惠普起诉 SnoSoft 公司研究者”和“Tornado 起诉员工 Bret McDanel”案均表明，无论是厂商还是法院都开始注重安全研究人员的善意动机，即使厂商出于自身发展利益考虑，也无法否认安全研究人员对网络安全的正面影响。二是针对特定行为，视为授权或授权追认的责任免除规定。例如，美国国防部 2016 年 11 月发布的《漏洞披露政策》明确规定，“安全研究以及漏洞发现行为充分符合政策中的限制与指导规定，国防部不会发起或者支持任何指向的执法及民事诉讼活动，且如果除国防部之外的某方进行执法或者民事诉讼，国防部方面将采取措施以证明行为拥有依据且并不与政策相违背”。

以第一种豁免情形为例，《网络安全法》中未直接明确网络安全漏洞善意披露行为的责任豁免规定。本书认为，我国现阶段的网络安全漏洞披露立法仍处于探索阶段，如网络安全漏洞披露豁免缺乏针对性，将导致法律适用时的不明确，造成豁免规定滥用，产生与不规范披露或非法披露同样的安全风险，因此网络安全漏洞披露豁免规定应该审慎论证和制定，在立法和技术时机成熟时，可以考虑通过《网络安全法》配套制度设定安全研究人员（如“白帽子”等）善意披露网络安全漏洞行为的责任豁免规定。在具体确定豁免条件时，必须基于技术可控的整体判断，合理限制善意披露的界限，避免矫枉过正扩大适用范围，如至少应综合考虑安全研究人员的背景、所披露漏洞的危害级别、给厂商和用户带来的实际负面影响等因素。

3.7 本章小结

本章首先定义了网络安全漏洞、网络安全漏洞披露、不同披露类型、网络安全漏洞披露中的激励机制以及网络安全漏洞评价与分级等概念，同时也引入介绍了美国在网络安全漏洞披露方面的政策演化及其披露规则的主要特点，并对当前我国网络安全漏洞披露的现状和规则体系进行了分析。经过讨论分析发现，网络安全漏洞披露是一个涉及多主体的复杂决策过程，受到信息资产、黑客威胁、网络脆弱性以及安全市场等众多因素的影响，其影响关系非常复杂。要支持制定科学的网络安全漏洞披露策略，还有许多问题需要进一步研究，这些研究可以从披露机制、披露主体行为等视角展开。

第 4 章 网络安全漏洞披露行为博弈分析

漏洞披露共享已被证实为信息安全漏洞治理的有效路径，漏洞平台披露机制不同，对软件厂商等利益相关方造成的影响有很大差异。本章首先采用演化博弈方法从组织层面研究网络漏洞共享平台、软件厂商和黑客这三者之间就漏洞披露行为的三方博弈演化路径及均衡策略，并进行数值模拟分析，然后进一步运用信号博弈方法，分析第三方平台的保护期设置问题，最后提出相关的对策建议。

4.1 问题提出

漏洞共享平台对漏洞的披露主要包含漏洞发现、向共享平台递交漏洞、平台审核、通知软件开发商、补丁开发、补丁应用等流程。由于安全漏洞披露中涉及的不同参与主体利益侧重点各有不同，因而加剧了漏洞披露过程的复杂性。据 360 补天漏洞响应平台统计，25.6%的漏洞未进行修复，由此引发的信息安全事故给社会经济造成了巨额损失。因此，研究不同参与主体的博弈均衡策略，对于完善网络安全漏洞披露的制度规范、引导不同参与主体规范自身行为、共同推动网络社会的有序运行有着积极的意义。

漏洞披露共享强调利益相关方应共享安全漏洞信息、协同工作，积极协作处置风险。其中，漏洞信息披露与补丁修复之间所需的时间差和各方需求的平衡是第三方漏洞共享平台信息协同披露的基本考量，保护期的设置成为第三方平台调控软件厂商补丁研发行为的关键之一。但在厂商研发补丁的过程中，第三方平台无法直接获得补丁研发进程的相关信息，只能被动等待，若保护期结束软件厂商仍然没有发布补丁，则将导致网络安全风险存在时间增长。因此，第三方平台需要对软件厂商进行甄别，把研发补丁努力程度不同的软件厂商分离开来，调整保护期，倒逼软件厂商积极研发补丁。软件厂商则会积极释放自身特质信号,以获取最佳的漏洞披露保护期,从而降低补丁的研发成本。综合上述分析,第三方平台如何有效识别软件厂商信号,据此调整漏洞信息保护期成为值得深入研究的问题。

4.2 网络安全漏洞披露三方演化博弈模型构建

4.2.1 模型假设

本模型基于演化博弈方法分析网络安全漏洞共享平台、软件厂商和黑客之间的利益冲突和最优选择,提出如下假设:

1. 参与主体

博弈过程的参与主体主要包括网络安全漏洞共享平台 p、软件厂商 s、黑客 h,各参与主体均为有限理性。

2. 参与主体策略空间

漏洞共享平台:若平台在接收到"白帽子"有关漏洞信息的报告后仅即刻通知相关注册会员软件厂商,并假定会员厂商收到通知消息后能采取有效防护,完全阻止黑客的攻击,则称为封闭披露;若平台在接收漏洞信息后对所有厂商公开,所有厂商均能采取有效解决方案,则称为公开披露。其策略空间为{封闭披露,公开披露}。

软件厂商:选择是否注册为披露平台会员单位,若不注册,则可能无法及时获得封闭披露的漏洞信息。会员单位的注册会员费是平台的主要收入来源。其策略空间为{注册会员,不注册会员}。

黑客:不同行业面临黑客攻击的强度是不一样的。例如,金融、政府机构等更易成为黑客的攻击目标。因此,依据黑客攻击行为的强烈程度可将其策略空间划分为{努力,不努力}。

3. 模型参数

软件厂商:软件的生命周期为 T,任意一家软件厂商 i 其损失类型为 θ_i,θ_i 在区间 $[0,\bar{\theta}]$ 内服从均匀分布,其概率密度函数 $f(\theta)=\frac{1}{\bar{\theta}}$,假设软件厂商一旦被黑客成功入侵,面临的损失为 θ_i。

黑客:无论是"白帽子"还是黑客,在不施加额外努力的情况下,发现软件漏洞的概率密度为$\frac{1-e^{-\gamma}}{T}$,这主要取决于软件本身的质量水平 γ,γ 值越大,软件漏洞被发现的概率密度越大,即软件的质量越差,$\gamma \in [0,\infty)$。

若黑客加以努力,努力程度为 β,则其概率密度上升为$\frac{1-e^{-(\beta+\gamma)}}{T}$,努力成本为 $M\beta^2$, $\beta \in [0,\infty)$。

"白帽子"的努力程度主要取决于漏洞共享平台支付的漏洞报酬。设漏洞共享平台支付的报酬为 p_b,激励效率为 α,则"白帽子"的努力程度为 αp_b,其发现漏洞的概率密度上升为$\frac{1-e^{-(\alpha p_b+\gamma)}}{T}$,$p_b \in [0,\infty)$,$\alpha \in (0,1)$。

"白帽子"能够先于黑客发现漏洞并向漏洞共享平台汇报的概率为

$$K_{rep} = \int_0^T \text{Probability}(\text{benign} = t)\text{Probability}(\overline{\text{attacker}} < t)\,dt$$

$$K_{rep} = \int_0^T \frac{1-e^{-(\alpha p_b+\gamma)}}{T}\left\{1 - \frac{[1-e^{-(\beta+\gamma)}]t}{T}\right\}dt = \frac{1+e^{-(\beta+\gamma)}}{2}[1-e^{-(\alpha p_b+\gamma)}] \tag{4-1}$$

漏洞共享平台:漏洞共享平台在封闭披露策略下,软件厂商可以向漏洞信息共享平台注册会员,订阅漏洞信息披露服务,会员收费为 p_{s1}。对于注册会员的软件厂商遭到黑客攻击的概率为 K_{att}^1:

$$K_{att}^1 = \int_0^T \text{Probability}(\text{attacker} = t)\text{Probability}(\overline{\text{benign}} < t)\,dt$$

$$K_{att}^1 = \int_0^T \frac{1-e^{-(\beta+\gamma)}}{T}\left\{1 - \frac{[1-e^{-(\alpha p_b+\gamma)}]t}{T}\right\}dt = \frac{1+e^{-(\alpha p_b+\gamma)}}{2}[1-e^{-(\beta+\gamma)}] \tag{4-2}$$

即黑客先于"白帽子"发现漏洞并发起攻击的概率。

在封闭披露策略下平台会将接收到的漏洞信息与注册会员软件厂商共享,从而有效阻止黑客对该软件漏洞的入侵,成功阻止的概率为 K_{pre}^1:

$$K_{pre}^1 = K_{rep} \tag{4-3}$$

对于未注册会员的软件厂商遭到黑客攻击的概率为 K_{att}^2:

$$K_{att}^2 = \int_0^T \text{Probability}(\text{attacker} = t)\,dt = 1 - e^{-(\beta+\gamma)} \tag{4-4}$$

在公开披露模式下,会员收费为 p_{s2},同时由于披露范围的拓宽和程度加深，使得平台漏洞信息披露成本上升，增加的成本为 C。此时，“白帽子”先于黑客发现漏洞情况并能够成功阻止入侵，概率为 K_{pre}^2：

$$K_{pre}^2 = \int_0^T \text{Probability}(\text{attacker} = t)\text{Probability}(\text{benign} < t)\,dt$$

$$K_{pre}^2 = [1 - e^{-(\beta+\gamma)}][1 - e^{-(\alpha p_b+\gamma)}]/2 \tag{4-5}$$

漏洞共享平台通过调整(p_b, p_{s1}, p_{s2})参数影响整个漏洞共享市场。

4. 各参与主体收益矩阵

各参与主体的收益矩阵见表 4-1。

表 4-1　各参与主体的收益矩阵

参与主体策略		软件厂商注册会员		软件厂商不注册会员	
		黑客努力	黑客不努力	黑客努力	黑客不努力
漏洞共享平台	封闭披露	Ⅰ	Ⅱ	Ⅲ	Ⅳ
	公开披露	Ⅴ	Ⅵ	Ⅶ	Ⅷ

各参与主体的得益分别如下：平台收益为 $\prod_{pj}$，软件厂商收益为 $\prod_{sj}$，黑客收益为 $\prod_{hj}$，$j=\{$Ⅰ，Ⅱ，Ⅲ，Ⅳ，Ⅴ，Ⅵ，Ⅶ，Ⅷ$\}$。其中 $\prod_{pj} \geq 0$，$\prod_{hj} \geq 0$，而软件厂商则是最小化其可能面临的损失，因此其收益可能为负。

在条件Ⅰ下：

$$\prod_{p\text{I}} = p_{s1} - K_{rep}p_b = p_{s1} - \frac{1 + e^{-(\beta+\gamma)}}{2}[1 - e^{-(\alpha p_b+\gamma)}]p_b \tag{4-6}$$

$$\prod_{s\text{I}} = (K_{rep} - K_{att}^1)\int_0^{\bar{\theta}} \frac{\theta}{\bar{\theta}}d\theta - p_{s1} = \frac{\bar{\theta}}{2}[e^{-(\beta+\gamma)} - e^{-(\alpha p_b+\gamma)}] - p_{s1} \tag{4-7}$$

$$\prod_{h\text{I}} = K_{att}^1\int_0^{\bar{\theta}} \frac{\theta}{\bar{\theta}}d\theta - M\beta^2 = \frac{\bar{\theta}}{2}\frac{1 + e^{-(\alpha p_b+\gamma)}}{2}[1 - e^{-(\beta+\gamma)}] - M\beta^2 \tag{4-8}$$

在条件Ⅱ下：

$$\prod_{p\text{II}} = p_{s1} - \frac{1 + e^{-\gamma}}{2}[1 - e^{-(\alpha p_b+\gamma)}]p_b \tag{4-9}$$

$$\prod_{s\text{II}} = \frac{\bar{\theta}}{2}[e^{-\gamma} - e^{-(\alpha p_b+\gamma)}] - p_{s1} \tag{4-10}$$

$$\prod_{h\mathrm{II}} = \frac{\bar{\theta}}{2}\frac{1+e^{-(\alpha p_b+\gamma)}}{2}(1-e^{-\gamma}) \tag{4-11}$$

在条件Ⅲ下：

$$\prod_{p\mathrm{III}} = -\frac{1+e^{-(\beta+\gamma)}}{2}[1-e^{-(\alpha p_b+\gamma)}]p_b \tag{4-12}$$

$$\prod_{s\mathrm{III}} = K_{att}^2\int_0^{\bar{\theta}}\frac{\theta}{\bar{\theta}}d\theta = -\frac{\bar{\theta}}{2}[1-e^{-(\beta+\gamma)}] \tag{4-13}$$

$$\prod_{h\mathrm{III}} = \frac{\bar{\theta}}{2}[1-e^{-(\beta+\gamma)}] - M\beta^2 \tag{4-14}$$

在条件Ⅳ下：

$$\prod_{p\mathrm{IV}} = -\frac{1+e^{-\gamma}}{2}[1-e^{-(\alpha p_b+\gamma)}]p_b \tag{4-15}$$

$$\prod_{s\mathrm{IV}} = -\frac{\bar{\theta}}{2}(1-e^{-\gamma}) \tag{4-16}$$

$$\prod_{h\mathrm{IV}} = \frac{\bar{\theta}}{2}(1-e^{-\gamma}) \tag{4-17}$$

在条件Ⅴ下：

$$\prod_{p\mathrm{V}} = p_{s2} - \frac{1+e^{-(\beta+\gamma)}}{2}[1-e^{-(\alpha p_b+\gamma)}]p_b - C \tag{4-18}$$

$$\prod_{s\mathrm{V}} = (K_{rep} - K_{att}^1)\int_0^{\bar{\theta}}\frac{\theta}{\bar{\theta}}d\theta - p_{s2} = \frac{\bar{\theta}}{2}[e^{-(\beta+\gamma)} - e^{-(\alpha p_b+\gamma)}] - p_{s2} \tag{4-19}$$

$$\prod_{h\mathrm{V}} = \frac{\bar{\theta}}{2}\frac{1+e^{-(\alpha p_b+\gamma)}}{2}[1-e^{-(\beta+\gamma)}] - M\beta^2 \tag{4-20}$$

在条件Ⅵ下：

$$\prod_{p\mathrm{VI}} = p_{s2} - \frac{1+e^{-\gamma}}{2}[1-e^{-(\alpha p_b+\gamma)}]p_b - C \tag{4-21}$$

$$\prod_{s\mathrm{VI}} = \frac{\bar{\theta}}{2}[e^{-\gamma} - e^{-(\alpha p_b+\gamma)}] - p_{s2} \tag{4-22}$$

$$\prod_{\mathrm{hVI}}=\frac{\bar{\theta}}{2}\frac{1+\mathrm{e}^{-(\alpha p_{\mathrm{b}}+\gamma)}}{2}(1-\mathrm{e}^{-\gamma}) \tag{4-23}$$

条件Ⅶ下：

$$\prod_{\mathrm{pVII}}=-\frac{1+\mathrm{e}^{-(\beta+\gamma)}}{2}[1-\mathrm{e}^{-(\alpha p_{\mathrm{b}}+\gamma)}]p_{\mathrm{b}}-C \tag{4-24}$$

$$\prod_{\mathrm{sVII}}=(K_{\mathrm{pre}}^{2}-K_{\mathrm{att}}^{1})\int_{0}^{\bar{\theta}}\frac{\theta}{\bar{\theta}}\mathrm{d}\theta=-\frac{\bar{\theta}}{2}\mathrm{e}^{-(\alpha p_{\mathrm{b}}+\gamma)}[1-\mathrm{e}^{-(\beta+\gamma)}] \tag{4-25}$$

$$\prod_{\mathrm{hVII}}=\frac{\bar{\theta}}{2}\frac{1+\mathrm{e}^{-(\alpha p_{\mathrm{b}}+\gamma)}}{2}[1-\mathrm{e}^{-(\beta+\gamma)}]-M\beta^{2} \tag{4-26}$$

条件Ⅷ下：

$$\prod_{\mathrm{pVIII}}=-\frac{1+\mathrm{e}^{-\gamma}}{2}[1-\mathrm{e}^{-(\alpha p_{\mathrm{b}}+\gamma)}]p_{\mathrm{b}}-C \tag{4-27}$$

$$\prod_{\mathrm{sVIII}}=-\frac{\bar{\theta}}{2}\mathrm{e}^{-(\alpha p_{\mathrm{b}}+\gamma)}(1-\mathrm{e}^{-\gamma}) \tag{4-28}$$

$$\prod_{\mathrm{hVIII}}=\frac{\bar{\theta}}{2}\frac{1+\mathrm{e}^{-(\alpha p_{\mathrm{b}}+\gamma)}}{2}(1-\mathrm{e}^{-\gamma}) \tag{4-29}$$

4.2.2 三方演化博弈模型的建立

假设漏洞共享平台选择“封闭披露”策略的概率为 $x(0\leqslant x\leqslant 1)$，选择“公开披露”策略的概率为 $1-x$；软件厂商选择“注册会员”策略的概率为 $y(0\leqslant y\leqslant 1)$，选择“不注册会员”策略的概率为 $1-y$；“白帽子”选择“努力”策略的概率为 $z(0\leqslant z\leqslant 1)$，选择“不努力”策略的概率为 $1-z$。

根据模型假设，令第三方漏洞信息共享平台采取“封闭披露”与“公开披露”策略情况下的期望收益及平均期望收益分别为 E_x 和 E_{1-x}，其计算如下：

$$\begin{cases}E_{x}=yp_{\mathrm{s1}}-[1-\mathrm{e}^{-(\alpha p_{\mathrm{b}}+\gamma)}]\left[z\dfrac{\mathrm{e}^{-(\beta+\gamma)}-\mathrm{e}^{-\gamma}}{2}-\dfrac{1+\mathrm{e}^{-\gamma}}{2}\right]p_{\mathrm{b}}\\ E_{1-x}=yp_{\mathrm{s2}}-[1-\mathrm{e}^{-(\alpha p_{\mathrm{b}}+\gamma)}]\left[z\dfrac{\mathrm{e}^{-(\beta+\gamma)}-\mathrm{e}^{-\gamma}}{2}-\dfrac{1+\mathrm{e}^{-\gamma}}{2}\right]p_{\mathrm{b}}-C\end{cases}$$

漏洞共享平台策略的演化博弈复制动态方程为

$$P(x)=\frac{\mathrm{d}x}{\mathrm{d}t}=x(1-x)[(p_{\mathrm{s1}}-p_{\mathrm{s2}})y+C] \tag{4-30}$$

令软件厂商采取“注册会员”与“不注册会员”策略情况下的期望收益及平均期望收益分别为 E_y 和 E_{1-y}，其计算如下：

$$\begin{cases} E_y = \dfrac{\bar{\theta}}{2}\left[ze^{-(\beta+\gamma)}+(1-z)e^{-\gamma}-e^{-(\alpha p_b+\gamma)}\right]-\left[xp_{s1}+(1-x)p_{s2}\right] \\ E_{1-y} = -\dfrac{\bar{\theta}}{2}\left[x+(1-x)e^{-(\alpha p_b+\gamma)}\right]\left\{z\left[1-e^{-(\beta+\gamma)}\right]+(1-z)(1-e^{-\gamma})\right\} \end{cases}$$

软件厂商行为策略的演化博弈复制动态方程为

$$S(y)=\frac{dy}{dt}=y(1-y)\left\{\frac{\bar{\theta}}{2}\left[1-e^{-(\alpha p_b+\gamma)}\right]\left[(1-x)\left(ze^{-(\beta+\gamma)}+(1-z)e^{-\gamma}\right)+x\right]-xp_{s1}-(1-x)p_{s2}\right\} \tag{4-31}$$

令黑客采取“努力”与“不努力”策略情况下的期望收益及平均期望收益分别为 E_z 和 E_{1-z}，其计算如下：

$$\begin{cases} E_z = \dfrac{\bar{\theta}}{2}\left[1-e^{-(\beta+\gamma)}\right]\left[\dfrac{1+e^{-(\alpha p_b+\gamma)}}{2}(1+xy-x)+x(1-y)\right]-M\beta^2 \\ E_{1-z} = \dfrac{\bar{\theta}}{2}(1-e^{-\gamma})\left[\dfrac{1+e^{-(\alpha p_b+\gamma)}}{2}(1+xy-x)+x(1-y)\right] \end{cases}$$

黑客行为策略的演化博弈复制动态方程为

$$B(z)=\frac{dz}{dt}=z(1-z)\left\{\frac{\bar{\theta}}{2}\left[\frac{1+e^{-(\alpha p_b+\gamma)}}{2}(1+xy-x)+x(1-y)\right]\left[e^{-\gamma}-e^{-(\beta+\gamma)}\right]-M\beta^2\right\} \tag{4-32}$$

4.3　网络安全漏洞共享参与主体行为博弈分析

4.3.1　演化均衡分析

根据微分方程的稳定性定理，如果博弈参与主体所采取的策略为稳定状态，那么漏洞共享平台、企业和黑客选择该策略的概率 x、y、z 需满足以下条件：

$$
\begin{cases}
P(x)=0, \dfrac{\partial P(x)}{\partial x}<0 \\
S(y)=0, \dfrac{\partial S(y)}{\partial y}<0 \\
B(z)=0, \dfrac{\partial B(z)}{\partial z}<0
\end{cases}
$$

漏洞共享平台演化的动态复制相位图如图 4-1 所示。

由图 4-1 可知，漏洞共享平台的演化策略主要受软件厂商注册费用及漏洞公开披露增加的成本等因素影响。当漏洞共享平台的稳定演化策略为"公开披露"时，存在 $0<\frac{C}{p_{s2}-p_{s1}}<y<1$。此时，存在以下两种情况：① 公开披露增加的额外成本过高；② 公开披露策略下愿意支付的注册费用较低，即存在 $0<y<\frac{C}{p_{s2}-p_{s1}}<1$。在情境②下，漏洞共享平台倾向于从"公开披露"策略转向"封闭披露"策略。

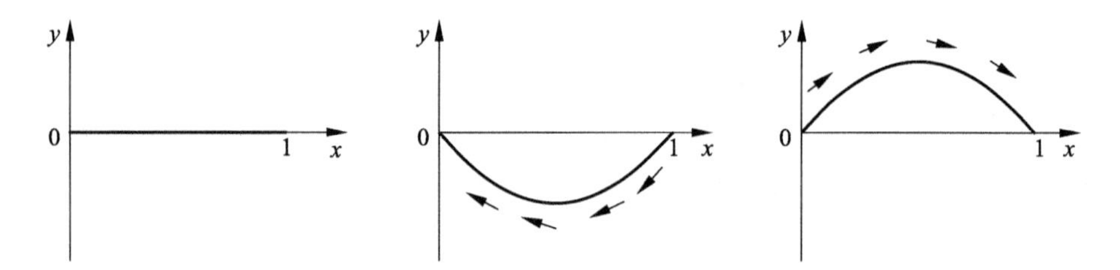

图 4-1　漏洞共享平台演化的动态复制相位图

软件厂商演化的动态复制相位图如图 4-2 所示，其中：

$$
x_1^*=\frac{p_{s2}-\frac{\bar{\theta}}{2}[1-\mathrm{e}^{-(\alpha p_b+\gamma)}][z\mathrm{e}^{-(\beta+\gamma)}+(1-z)\mathrm{e}^{-\gamma}]}{\frac{\bar{\theta}}{2}[1-\mathrm{e}^{-(\alpha p_b+\gamma)}][1-z\mathrm{e}^{-(\beta+\gamma)}-(1-z)\mathrm{e}^{-\gamma}]-p_{s1}+p_{s2}} \tag{4-33}
$$

由图 4-2 可知，软件厂商的演化策略会同时受到漏洞共享平台和黑客攻击策略的影响。当软件厂商的稳定演化策略为"不注册会员"时，存在 $0<x<x_1^*<1$。此时存在以下三种情况：① 漏洞共享平台降低封闭披露下的会员注册费用；② 增加"白帽子"的报酬以进一步激励其努力发现漏洞；③ 软件厂商外部网络安全环境进一步恶化，即 z 变大，黑客攻击增强。这些情况的出现会

导致软件厂商由采取“不注册”策略向采取“注册会员”策略演化，即存在 $0<x_1^*<x<1$。

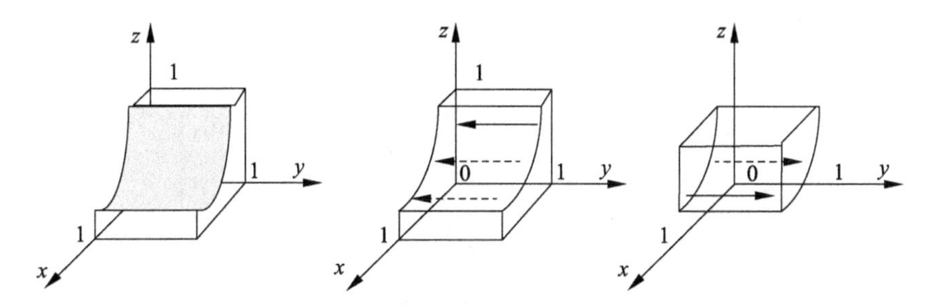

图 4-2　软件厂商演化的动态复制相位图

黑客演化的动态复制相位图如图 4-3 所示，其中：

$$x_2^*=\frac{1}{1-y}\left\{\frac{4M\beta^2}{\theta[\mathrm{e}^{-\gamma}-\mathrm{e}^{-(\beta+\gamma)}][1-\mathrm{e}^{-(\alpha p_b+\gamma)}]}-\frac{1+\mathrm{e}^{-(\alpha p_b+\gamma)}}{1-\mathrm{e}^{-(\alpha p_b+\gamma)}}\right\} \tag{4-34}$$

由图 4-3 可知，黑客的演化策略会同时受到漏洞共享平台策略和软件厂商策略的影响。当黑客的稳定演化策略为“努力攻击”时，存在 $0<x_2^*<x<1$。此时，存在以下三种情况：① 参与注册的软件厂商进一步增加，即 y 增加；② 进一步增加黑客攻击的边际成本 M，如强化厂商网络安全教育、加大对黑客的惩戒力度等；③ $\frac{\mathrm{d}x_2^*}{\mathrm{d}p_b}>0$，即进一步增加对“白帽子”的奖励支付报酬 p_b。这些情况的出现会有效抑制黑客的攻击行为，由采取“努力攻击”策略向采取“不努力攻击”策略演化，即存在 $0<x<x_2^*<1$。

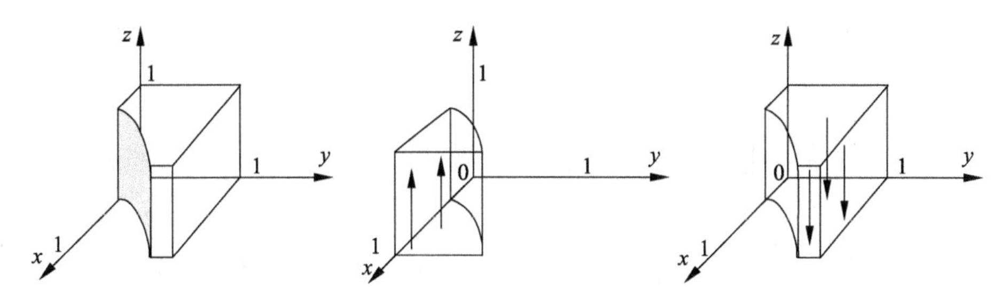

图 4-3　黑客演化的动态复制相位图

4.3.2　博弈策略稳定性分析

网络安全漏洞共享平台、软件厂商和黑客三方主体共同作用的演化策略，主要分析 $E_1(0,0,0)$，$E_2(1,0,0)$，$E_3(1,1,0)$，$E_4(0,1,0)$，$E_5(0,0,1)$，

$E_6(0,1,1)$,$E_7(1,0,1)$,$E_8(1,1,1)$的渐进稳定性。根据稳定策略验证方法,演化均衡的稳定性可以从该系统的雅克比矩阵(记为$\boldsymbol{J}$)的局部稳定分析导出。对$P(x)$、$S(y)$、$H(z)$分别关于x、y、z求偏导得如下雅克比矩阵:

$$\boldsymbol{J}=\begin{bmatrix}\dfrac{\partial P(x)}{\partial x} & \dfrac{\partial P(x)}{\partial y} & \dfrac{\partial P(x)}{\partial z}\\ \dfrac{\partial S(y)}{\partial x} & \dfrac{\partial S(y)}{\partial y} & \dfrac{\partial S(y)}{\partial z}\\ \dfrac{\partial H(z)}{\partial x} & \dfrac{\partial H(z)}{\partial y} & \dfrac{\partial H(z)}{\partial z}\end{bmatrix}=\begin{bmatrix}a_{11} & a_{12} & a_{13}\\ a_{21} & a_{22} & a_{22}\\ a_{31} & a_{32} & a_{33}\end{bmatrix} \tag{4-35}$$

其中:

$$a_{11}=(1-2x)[(p_{s1}-p_{s2})y+C]$$

$$a_{12}=x(1-x)(p_{s1}-p_{s2})$$

$$a_{13}=0$$

$$a_{21}=y(1-y)\left\{\frac{\bar{\theta}}{2}[1-e^{-(\alpha p_b+\gamma)}]\left[1-\left(ze^{-(\beta+\gamma)}+(1-z)e^{-\gamma}\right)\right]-p_{s1}+p_{s2}\right\}$$

$$a_{22}=(1-2y)\left\{\frac{\bar{\theta}}{2}[1-e^{-(\alpha p_b+\gamma)}]\left[(1-x)\left(ze^{-(\beta+\gamma)}+(1-z)e^{-\gamma}\right)+x\right]-\right.$$

$$\left.xp_{s1}-(1-x)p_{s2}\right\}$$

$$a_{23}=y(1-y)\frac{\bar{\theta}}{2}\left[1-e^{-(\alpha p_b+\gamma)}\right](1-x)[e^{-(\beta+\gamma)}-e^{-\gamma}]$$

$$a_{31}=z(1-z)\frac{\bar{\theta}}{2}(1-y)\left[1-\frac{1+e^{-(\alpha p_b+\gamma)}}{2}\right][e^{-\gamma}-e^{-(\beta+\gamma)}]$$

$$a_{32}=z(1-z)\frac{\bar{\theta}}{2}\left[\frac{1+e^{-(\alpha p_b+\gamma)}}{2}x-x\right][e^{-\gamma}-e^{-(\beta+\gamma)}]$$

$$a_{33}=(1-2z)\left\{\frac{\bar{\theta}}{2}\left[\frac{1+e^{-(\alpha p_b+\gamma)}}{2}(1+xy-x)+x(1-y)\right][e^{-\gamma}-e^{-(\beta+\gamma)}]-M\beta^2\right\}$$

由李雅谱诺夫第一法,可以通过特征根的方法进行稳定性分析。本模型研究重点关注的是,在漏洞共享平台不同的披露策略下,如何有效提升软件厂商参与漏洞共享的积极性并同时进一步抑制黑客攻击的积极性,因此主要关注$E_3(1,1,0)$和$E_4(0,1,0)$两个点的稳定性。$E_3(1,1,0)$对应的雅克比矩

阵为

$$\begin{bmatrix} p_{s2}-p_{s1}-C & 0 & 0 \\ 0 & p_{s1}-\frac{\overline{\theta}}{2}[1-e^{-(\alpha p_b+\gamma)}] & 0 \\ 0 & 0 & \frac{\overline{\theta}}{2}\frac{1+e^{-(\alpha p_b+\gamma)}}{2}[e^{-\gamma}-e^{-(\beta+\gamma)}]-M\beta^2 \end{bmatrix}$$

根据矩阵性质，$E_3(1,1,0)$ 雅克比矩阵的特征根分别为 $p_{s2}-p_{s1}-C$，$p_{s1}-\frac{\overline{\theta}}{2}(1-e^{-(\alpha p_b+\gamma)})$，$\frac{\overline{\theta}}{2}\frac{1+e^{-(\alpha p_b+\gamma)}}{2}[e^{-\gamma}-e^{-(\beta+\gamma)}]-M\beta^2$。

若 $E_3(1,1,0)$ 为系统演化的稳定策略，则需同时满足均衡条件①：

$$\begin{cases} p_{s2}-p_{s1}-C<0 & \text{I} \\ p_{s1}-\frac{\overline{\theta}}{2}(1-e^{-(\alpha p_b+\gamma)})<0 & \text{II} \\ \frac{\overline{\theta}}{2}\frac{1+e^{-(\alpha p_b+\gamma)}}{2}[e^{-\gamma}-e^{-(\beta+\gamma)}]-M\beta^2<0 & \text{III} \end{cases}$$

$E_4(0,1,0)$ 对应的雅克比矩阵为

$$\begin{bmatrix} p_{s1}+C-p_{s2} & 0 & 0 \\ 0 & p_{s2}-\frac{\overline{\theta}}{2}e^{-\gamma}[1-e^{-(\alpha p_b+\gamma)}] & 0 \\ 0 & 0 & \frac{\overline{\theta}}{2}\frac{1+e^{-(\alpha p_b+\gamma)}}{2}[e^{-\gamma}-e^{-(\beta+\gamma)}]-M\beta^2 \end{bmatrix}$$

根据矩阵性质，$E_4(0,1,0)$ 雅克比矩阵的特征根分别为 $p_{s1}+C-p_{s2}$，$p_{s2}-\frac{\overline{\theta}}{2}e^{-\gamma}[1-e^{-(\alpha p_b+\gamma)}]$，$\frac{\overline{\theta}}{2}\frac{1+e^{-(\alpha p_b+\gamma)}}{2}[e^{-\gamma}-e^{-(\beta+\gamma)}]-M\beta^2$。

若 $E_4(0,1,0)$ 为系统演化的稳定策略，则需同时满足均衡条件②：

$$\begin{cases} p_{s1}+C-p_{s2}<0 & \text{I} \\ p_{s2}-\frac{\overline{\theta}}{2}e^{-\gamma}[1-e^{-(\alpha p_b+\gamma)}]<0 & \text{II} \\ \frac{\overline{\theta}}{2}\frac{1+e^{-(\alpha p_b+\gamma)}}{2}[e^{-\gamma}-e^{-(\beta+\gamma)}]-M\beta^2<0 & \text{III} \end{cases}$$

两项均衡条件中的Ⅰ、Ⅱ、Ⅲ分别为漏洞共享平台、软件厂商、黑客处于上述演化均衡的充分条件。为提升网络安全漏洞披露效率，作为漏洞信息披露中起主导作用的网络安全漏洞共享平台，除了关注$\{p_{s1}, p_{s2}, p_b\}$等出价策略外，还必须考虑软件质量、期望损失、漏洞披露成本等因素对各参与主体行为决策的影响，共同应对外部黑客的攻击行为，促使网络安全漏洞披露市场能处于较为理想的状态。通过分析得出以下结论：

（1）软件质量水平γ。软件质量水平越差，即γ越大时，p_{s2}取值受限，因此平台更倾向于使用“封闭披露”策略。公开披露下，$p_{s2}<\frac{\overline{\theta}}{2}e^{-\gamma}[1-e^{-(\alpha p_b+\gamma)}]$，$\gamma$越大则$p_{s2}$可取值越小，无法保证$\prod_{p\text{Ⅵ}}>0$，因此漏洞共享平台放弃公开披露，转向封闭披露。

（2）预期攻击损失$\overline{\theta}$。软件厂商遭受攻击损失$\overline{\theta}$对软件厂商会员注册存在积极的影响，当$\overline{\theta}$增加时，均衡条件①-Ⅱ和均衡条件②-Ⅱ达成的可能性提升，此时软件厂商更倾向于采纳“会员注册”策略。

（3）“白帽子”支付报酬p_b。p_b一方面受制于软件厂商的约束，另一方面受制于黑客的约束。首先，$p_b>-\frac{1}{\alpha}\ln\left(1-\frac{2p_{s1}}{\theta}\right)$或$p_b>-\frac{1}{\alpha}\ln\left(1-\frac{2p_{s2}}{\theta e^{-r}}\right)$，由于“白帽子”的支付报酬激励着“白帽子”在发掘漏洞过程中的努力程度，因此，p_b越大，对于注册为会员的软件厂商而言其收益越大，因而其注册为会员的概率就越大。其次，对于黑客而言，通过增加p_b可以有效抑制黑客攻击的积极性，当p_b满足$\frac{\overline{\theta}}{2}\frac{1+e^{-(\alpha p_b+\gamma)}}{2}[e^{-\gamma}-e^{-(\beta+\gamma)}]<M\beta^2$条件时，黑客将不再积极努力地实施攻击。

（4）公开披露成本C。当在公开披露策略下软件厂商会员服务费增加额度不足以弥补因为策略改变而增加的成本时，漏洞共享平台更愿意坚守封闭披露策略。从整体社会福利角度来看，封闭披露即负责任披露能够更加有效地提升社会福利，减少在网络安全漏洞披露过程中的成本。

4.3.3 数值模拟分析

在上述演化博弈的模型理论研究基础上，本章将进一步运用 Python 进行参数灵敏度分析，主要分析具体参数变化下各参与主体行为策略的稳定策略结果。

（1）根据上述演化均衡分析结果，模拟设置 p_{s1}、p_{s2}、p_b 三项决策变量，当决策变量分别符合均衡条件①和均衡条件②时，取不同初始值，其三方博弈行为的演化路径如图 4-4 所示。均衡条件①下，最终平衡点为（1，1，0）；均衡条件②下，最终平衡点为（0，1，0）。

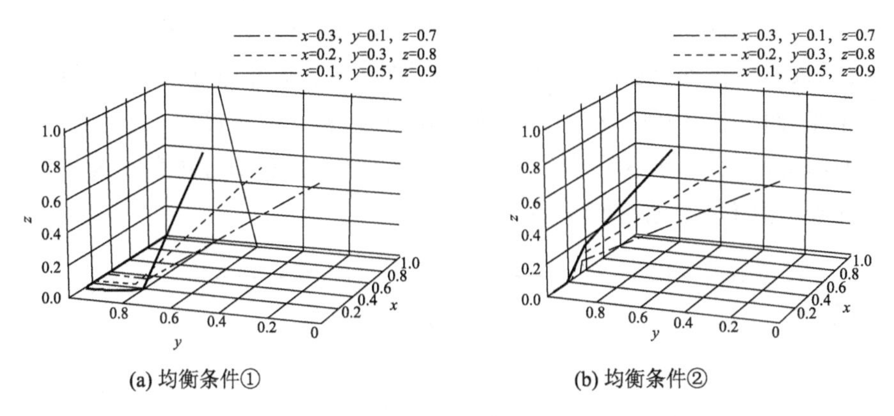

图 4-4　不同初始值的三方博弈行为的演化路径

（2）披露共享成本灵敏度分析。将主要参数设置为 $p_{s1}=28$，$p_{s2}=35$，$p_b=18$，$\alpha=0.8$，$\beta=17$，$\gamma=1$，$M=0.8$，$\overline{\theta}=500$。网络安全漏洞共享平台对不同披露模式下注册会员软件厂商的收费决策 p_{s1}、p_{s2}，主要受到披露共享成本 C 的影响，漏洞共享平台行为策略对披露共享成本灵敏度的分析如图 4-5 所示。由图可见，随着披露共享成本的增加，网络安全漏洞共享平台则更倾向于采纳"封闭披露"策略，而在披露共享成本较低时，采纳"公开披露"策略的概率大大提升。

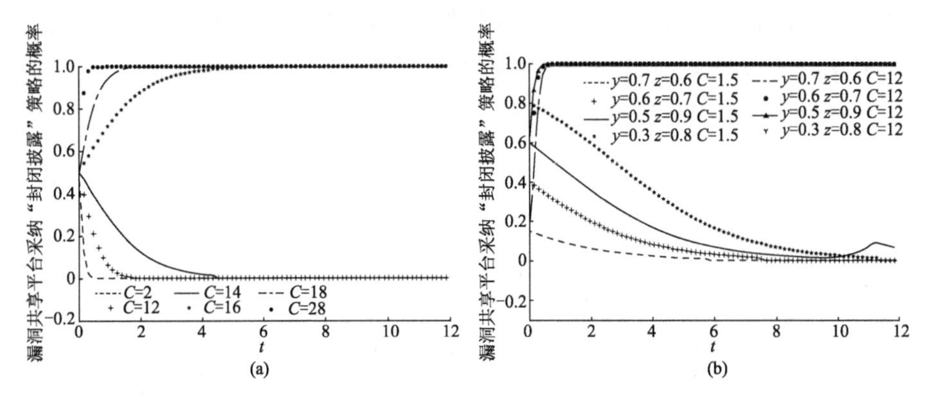

图 4-5　漏洞共享平台行为策略对披露共享成本灵敏度的分析

（3）预期损失灵敏度分析。将主要参数设置为 $p_{s1}=20, p_{s2}=35, p_b=18, \alpha=0.8, \beta=17, \gamma=1, M=0.8$。

在满足均衡条件①-Ⅰ时，即 $p_{s2}-p_{s1}<C$，假定 $C=18$，漏洞共享平台采用“封闭披露”策略和软件厂商采用“会员注册”策略的初始概率均为0.5，漏洞共享平台和软件厂商行为策略对预期损失灵敏度的分析如图4-6所示。当公开披露成本较高时，无论预期损失如何，漏洞共享平台都将倾向于“封闭披露”策略；而对于软件厂商，当预期损失较小时，权衡会员注册成本和预期损失，即均衡条件①-Ⅱ不满足时，其倾向于不注册会员，随着预期损失值的增加，逐步均衡于“会员注册”策略。

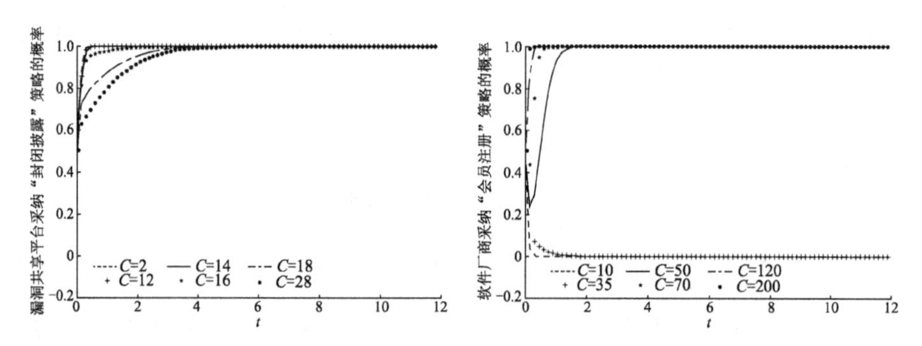

图4-6　均衡条件①下漏洞共享平台和软件厂商行为策略对预期损失敏感度的分析

在满足均衡条件②-Ⅰ时，即 $p_{s2}-p_{s1}>C$，假定 $C=14$，初始概率均为0.5。测试此时漏洞共享平台和软件厂商行为策略对预期损失灵敏度的分析如图4-7所示。从仿真结果可见，若预期损失较少，即均衡条件②-Ⅱ不满足时，当 $\theta=50,65,90$ 时，则无论是漏洞共享平台还是软件厂商，其行为策略采纳概率随时间呈现周期性波动状态，系统不存在演化稳定均衡。随着预期损失的增加，当 $\theta=150,250$ 时，漏洞共享平台和软件厂商行为策略发生变化，系统将稳定于策略组合{公开披露，会员注册}。

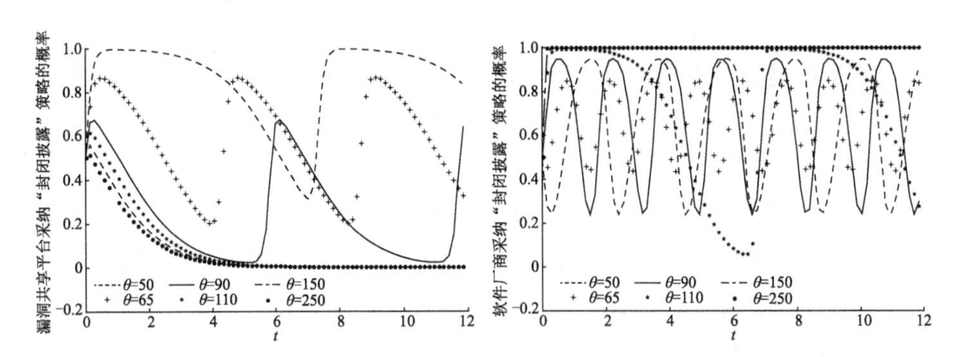

图 4-7　均衡条件②下漏洞共享平台和软件厂商行为策略对预期损失灵敏度的分析

4.4　信号传递博弈模型构建

4.4.1　博弈主体界定

在网络安全漏洞披露过程中,涉及的参与主体包括安全研究人员、政府、软件厂商、第三方平台、“白帽子”等。由于“白帽子”常为第三方漏洞共享平台的注册会员,将漏洞递交即委托第三方平台进行处理,因此本书信号传递博弈模型中仅考虑软件厂商和第三方平台两个参与主体之间的博弈。

信号发送者为软件厂商,信号接收者为第三方平台。软件厂商的类型为私人信息,根据其对已发现漏洞的处理方式,可分为积极研发补丁的软件厂商($t=P$)和不积极研发补丁的软件厂商($t=NP$),假定只要软件厂商积极研发补丁,在保护期内都会研发成功。第三方漏洞共享平台的类型是公共信息服务提供方,是以提高网络安全性为主要目的博弈参与者。双方均为理性经济人,以追求利益最大化为目标。对于网络安全漏洞披露中的其他参与主体,假定“白帽子”获得漏洞信息后会立刻报送到第三方平台,补丁发布后用户也会立刻安装补丁。

4.4.2　博弈信号

由于信息不对称,第三方平台不能完全了解软件厂商是否对已发现漏洞积极地进行补丁研发,只能依赖于软件厂商发出的信号进行判断,并决定是否调整保护期。软件厂商会发送信号,展现自己的补丁研发意愿。假设 $m=g$ 为高意愿信号,表示软件厂商会积极研发补丁;$m=b$ 为低意愿信号,表明软件厂商不会积极研发补丁。

4.4.3 参数假设

假设 1:类型为 P 的软件厂商发出高意愿信号的成本为 C_1,类型为 NP 的软件厂商发出高意愿信号的成本记为 C_2,其中 $C_2>C_1>0$。软件厂商发出低意愿信号的成本均为 0。

假设 2:当平台选择正常保护期时,软件厂商的补丁研发成本为 ε_1。补丁的研发速度越快,成本就越高,所以假设当平台选择压缩保护期时,软件厂商的补丁研发成本为 $\varepsilon_1+T\varepsilon_2$,其中 ε_2 为加速补丁研发每单位时间的成本,T 为保护期的压缩时间。

假设 3:第三方平台对高意愿软件厂商的漏洞压缩保护期成本为 G_H,对于低意愿软件厂商的漏洞压缩保护期成本为 G_L,其中 $G_L>G_H>0$。目前我国关于漏洞披露行为本身的管控条文极少,法条中所需遵从的"国家有关规定"范围显然包括了比刑法法律位阶低的部门规章等,以致第三方平台漏洞披露的合法性并不明确。第三者未经软件厂商同意的安全测试以及漏洞发现过程,很可能本身违反刑法的规定。因此,第三方平台在进行漏洞披露时有承担法律风险的可能,而低意愿厂商不积极研发补丁的概率更大,潜在风险也更高。

假设 4:类型为 P 的软件厂商自身正常经营收益为 S_1,类型为 NP 的软件厂商自身正常经营收益为 S_2,其中 $S_1>S_2>0$。软件厂商自身正常经营收益会受到软件厂商补丁研发态度的影响,当公司以最优方式进行漏洞披露的数量增加时,公司的收益和福利也会增加。

假设 5:平台选择压缩保护期时,对于不积极研发补丁的高意愿厂商,会得到声誉损失 P_1;对于不积极研发补丁的低意愿厂商,获得声誉损失 P_2,由于高意愿厂商的被期望值更高,所以 $P_1>P_2>0$。此时,平台获得社会收益 $J(J>G_L)$,如社会声誉提升、漏洞存在时间缩短等。

假设 6:当平台选择正常保护期时,在保护期内主动进行漏洞披露并发布补丁的软件厂商会获得奖励 B,如消费者的信任等;不积极研发补丁的软件厂商,其漏洞最终会被黑客发现利用,厂商不仅会遭受经济损失,还会获得声誉损失 $P_3(P_3>P_1)$。此时,平台遭受损失 $L(L>J)$,如公信力受损、竞争力下降、"白帽子"漏洞报送数量减少等。

博弈过程中各变量的设定如表 4-2 所示。

表 4-2　博弈过程中各变量的设定

符号	含义
C_1, C_2	类型为 P 的软件厂商发出高意愿信号的成本为 C_1，类型为 NP 的软件厂商发出高意愿信号的成本为 C_2，其中 $C_2>C_1>0$
G_H, G_L	第三方平台对高意愿软件厂商的漏洞压缩保护期成本为 G_H，对于低意愿软件厂商的漏洞压缩保护期成本为 G_L，其中 $G_L>G_H>0$
ε_1， $\varepsilon_1+T\varepsilon_2$	当平台选择正常保护期时，软件厂商的补丁研发成本为 ε_1；当平台选择压缩保护期时，软件厂商的补丁研发成本为 $\varepsilon_1+T\varepsilon_2$，其中 ε_2 为加速补丁研发每单位时间的成本，T 为保护期的压缩时间
P_1, P_2	当平台选择压缩保护期时，高意愿软件厂商没有积极研发补丁，会获得声誉损失 P_1；低意愿厂商没有积极研发补丁，获得声誉损失 P_2（其中 $P_1>P_2>0$）
P_3	当平台选择正常保护期时，不积极研发补丁的软件厂商的漏洞最终会被黑客发现利用，遭受损失 P_3（$P_3>P_1$）
B	在保护期内积极研发补丁主动披露的软件厂商会获得奖励 B，如消费者的信任等
J	当平台压缩保护期发现软件厂商没有积极研发补丁时，平台获得社会收益 J（$J>G_L$），如社会声誉提升、漏洞存在时间缩短等
S	类型为 P 的软件厂商自身正常经营收益为 S_1，类型为 NP 的软件厂商自身正常经营收益为 S_2，其中 $S_1>S_2>0$
L	不积极研发补丁的软件厂商，其漏洞最终会被其他竞争平台披露或者黑客发现利用，平台遭受损失 L，如公信力受损、竞争力下降、“白帽子”漏洞报送数量减少等

4.4.4　信号博弈模型的建立

博弈的时间顺序如下：

（1）自然（N）按先验概率 $p(t)$ 从软件厂商的类型空间 $T=\{P,NP\}$ 中随机选择一个类型。软件厂商知道自己的类型 t，但第三方平台不知道，只知道软件厂商属于 t 的先验概率 $p(t)$，设 $p(P)=\alpha$，$p(NP)=1-\alpha(0<\alpha<1)$。

（2）软件厂商在观测到自己的类型 t 后选择发出信号 $m\in M$，其信号空间为 $M=\{g,b\}$。

（3）第三方平台接收到信号 m 后，通过贝叶斯法则对先验概率 $p(t)$ 进行修正，得出后验概率 $\tilde{p}(t|m)$，然后选择自己的行动 $q\in Q$，行动空间 $Q=\{D, ND\}$。

(4) 软件厂商和第三方平台的支付函数分别为 $U_1(m,q,t)$ 和 $U_2(m,q,t)$。

信号传递动态博弈模型如图 4-8 所示。

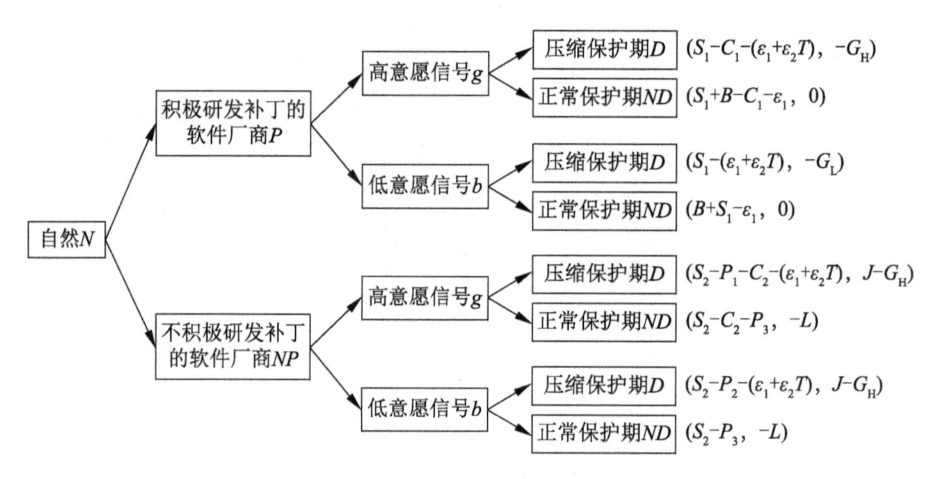

图 4-8 信号传递动态博弈模型

4.5 软件厂商与第三方平台信号博弈均衡分析

在最优状态下,为了提高网络安全性,针对发现的漏洞,软件厂商应当积极地研发补丁,但是有些厂商为了降低成本,可能会延缓补丁研发进程甚至不研发补丁,发送虚假信号掩饰其真正的补丁研发意愿。假设在漏洞信息协同披露过程中,不积极研发补丁的软件厂商以 μ 的概率传递虚假信息($0\leqslant\mu\leqslant1$),即 $P(g|NP)=\mu$,$P(b|NP)=1-\mu$,$P(g|P)=1$,$P(b|P)=0$,根据贝叶斯法则,可得第三方平台的后验概率:

$$\widetilde{P}(P|g)=\frac{P(P)\times P(g|P)}{P(P)\times P(g|P)+P(NP)\times P(g|NP)}=\frac{\alpha}{\alpha+(1-\alpha)\mu} \quad (4\text{-}36)$$

$$\widetilde{P}(NP|g)=\frac{P(NP)\times P(g|NP)}{P(P)\times P(g|P)+P(NP)\times P(g|NP)}=\frac{(1-\alpha)\mu}{\alpha+(1-\alpha)\mu} \quad (4\text{-}37)$$

$$\widetilde{P}(P|b)=\frac{P(P)\times P(b|P)}{P(P)\times P(b|P)+P(NP)\times P(b|NP)}=0 \quad (4\text{-}38)$$

$$\widetilde{P}(NP|b)=\frac{P(NP)\times P(b|NP)}{P(P)\times P(b|P)+P(NP)\times P(b|NP)}=1 \quad (4\text{-}39)$$

信号传递博弈的所有可能的精炼贝叶斯均衡可以划分为三类,即分离均衡、混同均衡和准分离均衡。由上述分析可知,第三方平台的后验概率受μ的影响,意味着博弈的均衡状态也受到μ的影响:当$\mu=0$时,该博弈呈现分离均衡状态;当$\mu=1$时,该博弈呈现混同均衡状态;当$0<\mu<1$时,该博弈呈现准分离均衡状态。由于软件厂商的类型只有两种,参与人只有 4 种纯战略,因此精炼贝叶斯均衡可不考虑准分离均衡,只对分离均衡和混同均衡进行研究。

4.5.1　分离均衡状态

软件厂商的分离战略包括$(P,NP)\to(g,b)$和$(P,NP)\to(b,g)$两种情形,由于第二种情况没有现实意义,本模型只讨论第一种分离均衡。当不积极研发补丁的软件厂商传递虚假信息的概率$\mu=0$时,分离均衡状态成立,软件厂商P发送信号g,软件厂商NP发送信号b,第三方平台的后验概率为$\widetilde{P}(P|g)=\widetilde{P}(NP|b)=1$,$\widetilde{P}(NP|g)=\widetilde{P}(P|b)=0$。

(1)第三方平台收到信号g后,选择行动D的期望收益$E_2(D)$和选择行动ND的期望收益$E_2(ND)$分别为

$$\begin{cases}E_2(D)=\widetilde{P}(P|g)U_2(g,D,P)+\widetilde{P}(NP|g)U_2(g,D,NP)=-G_{\mathrm{H}}\\E_2(ND)=\widetilde{P}(P|g)U_2(g,ND,P)+\widetilde{P}(NP|g)U_2(g,ND,NP)=0\end{cases}\tag{4-40}$$

根据式(4-40)可得,$E_2(ND)>E_2(D)$,第三方平台选择正常保护期的期望收益大于压缩保护期的期望收益,其最优策略是选择正常保护期,即$q^*(g)=ND$。

当第三方平台收到信号b后,选择行动D的期望收益$E_2(D)$和选择行动ND的期望收益$E_2(ND)$分别为

$$\begin{cases}E_2(D)=\widetilde{P}(P|b)U_2(b,D,P)+\widetilde{P}(NP|b)U_2(b,D,NP)=J-G_{\mathrm{L}}\\E_2(ND)=\widetilde{P}(P|b)U_2(b,ND,P)+\widetilde{P}(NP|b)U_2(b,ND,NP)=-L\end{cases}\tag{4-41}$$

根据式(4-41)与前提假设可得,$J-G_{\mathrm{L}}>-L$,所以$E_2(D)>E_2(ND)$,第三方平台选择压缩保护期的期望收益大于选择正常保护期的期望收益,其最优策略是选择压缩保护期,即$q^*(b)=D$。

(2)在给定第三方平台的行动选择为$(g,b)\to(ND,D)$,即满足条件$J-G_{\mathrm{L}}>-L$时,软件厂商在均衡路径上的收益为

$$\begin{cases}U_1(P,g,q^*(g))=U_1(P,g,ND)=B+S_1-C_1-\varepsilon_1\\U_1(NP,b,q^*(b))=U_1(NP,b,D)=S_2-P_2-(\varepsilon_1+\varepsilon_2 T)\end{cases}\tag{4-42}$$

软件厂商在非均衡路径上的收益为

$$\begin{cases} U_1(P,b,q^*(b)) = U_1(P,b,D) = S_1-(\varepsilon_1+\varepsilon_2 T) \\ U_1(NP,g,q^*(g)) = U_1(NP,g,ND) = S_2-C_2-P_3 \end{cases} \tag{4-43}$$

根据式(4-42)和式(4-43)可得,如果$\frac{C_1-B}{\varepsilon_2}<T<\frac{P_3-P_2+C_2-\varepsilon_1}{\varepsilon_2}$成立,则此时满足$U_1(P,g,q^*(g))>U_1(P,b,q^*(b))$,且$U_1(NP,b,q^*(b))>U_1(NP,g,q^*(g))$,即软件厂商在均衡路径下的收益高于非均衡路径下的收益,不存在偏离均衡的积极性。因此,当第三方平台针对不积极研发补丁的软件厂商发送低意愿信号被压缩保护期的收益大于正常保护期的收益,即$J-G_L>-L$,且保护期的压缩时间满足条件$\frac{C_1-B}{\varepsilon_2}<T<\frac{P_3-P_2+C_2-\varepsilon_1}{\varepsilon_2}$时,$\{(g,b),(ND,D),\widetilde{P}(P|g)=1,\widetilde{P}(P|b)=0\}$是该博弈的分离精炼贝叶斯均衡。此均衡意味着,第三方平台压缩保护期的时间在一定范围内时,积极研发补丁的软件厂商愿意花成本发送高意愿信号传递自己的真实的补丁研发意愿,不积极研发补丁的软件厂商也没有伪装动机,信号能够准确地传递其补丁研发意愿,是最有效的市场均衡。对于第三方平台而言,针对不积极研发补丁的软件厂商发送低意愿信号选择压缩保护期的收益高于选择正常保护期的收益,不存在偏离均衡的动机。

4.5.2 混同均衡状态

在混同均衡状态下,软件厂商都发送相同的信号,信号起不到对其补丁研发状态的传递作用,其混同均衡战略包括$(P,NP)\to(g,g)$和$(P,NP)\to(b,b)$两种情形。根据理性参与人假设,P类型的软件厂商不会选择发送低意愿信号b,因此只考虑第一种情况,即不同类型的软件厂商都发送高意愿信号,此时不积极研发补丁的软件厂商传递虚假信息的概率$\mu=1$,博弈呈现混同均衡状态,软件厂商P和软件厂商NP都发送信号g,第三方平台的后验概率为$\widetilde{P}(P|g)=\alpha$,$\widetilde{P}(P|b)=0$,$\widetilde{P}(NP|g)=1-\alpha$,$\widetilde{P}(NP|b)=1$。

(1) 第三方平台收到混同均衡路径的信号g后,选择行动D的期望收益$E_2(D)$和选择行动ND的期望收益$E_2(ND)$分别为

$$\begin{cases}E_2(D)=\widetilde{P}(P|g)U_2(g,D,P)+\widetilde{P}(NP|g)U_2(g,D,NP)=-\alpha G_{\mathrm{H}}+(1-\alpha)(J-G_{\mathrm{H}})\\E_2(ND)=\widetilde{P}(P|g)U_2(g,ND,P)+\widetilde{P}(NP|g)U_2(g,ND,NP)=-L(1-\alpha)\end{cases}\tag{4-44}$$

根据式(4-44)可得,当 $\alpha<1-\frac{G_{\mathrm{H}}}{J+L}$时,$E_2(D)>E_2(ND)$,第三方平台选择压缩保护期的期望收益大于正常保护期的期望收益,其最优策略是选择压缩保护期,即 $q^*(g)=D$;当 $\alpha>1-\frac{G_{\mathrm{H}}}{J+L}$时,$E_2(D)<E_2(ND)$,此时第三方平台的最优策略是选择正常保护期,即 $q^*(g)=ND$。

当第三方平台收到非均衡路径信号 b 后,选择行动 D 的期望收益 $E_2(D)$ 和选择行动 ND 的期望收益 $E_2(ND)$ 分别为

$$\begin{cases}E_2(D)=\widetilde{P}(P|b)U_2(b,D,P)+\widetilde{P}(NP|b)U_2(b,D,NP)=J-G_{\mathrm{L}}\\E_2(ND)=\widetilde{P}(P|b)U_2(b,ND,P)+\widetilde{P}(NP|b)U_2(b,ND,NP)=-L\end{cases}\tag{4-45}$$

根据式(4-45)与前提假设可得,$J-G_{\mathrm{L}}>-L$,所以 $E_2(D)>E_2(ND)$,第三方平台选择压缩保护期的期望收益大于选择正常保护期的期望收益,其最优策略是选择压缩保护期,即 $q^*(b)=D$。

(2) 在给定第三方平台的行动选择为$(g,b)\rightarrow(D,D)$,即满足条件 $\alpha<1-\frac{G_{\mathrm{H}}}{J+L}$时,软件厂商在均衡路径上的收益为

$$\begin{cases}U_1(P,g,q^*(g))=U_1(P,g,D)=S_1-C_1-(\varepsilon_1+\varepsilon_2T)\\U_1(NP,g,q^*(g))=U_1(NP,g,D)=S_2-P_1-C_2-(\varepsilon_1+\varepsilon_2T)\end{cases}\tag{4-46}$$

软件厂商在非均衡路径上的收益为

$$\begin{cases}U_1(P,b,q^*(b))=U_1(P,b,D)=S_1-(\varepsilon_1+\varepsilon_2T)\\U_1(NP,b,q^*(b))=U_1(NP,b,D)=S_2-P_2-(\varepsilon_1+\varepsilon_2T)\end{cases}\tag{4-47}$$

根据式(4-46)和式(4-47)可得,显然 $U_1(P,g,q^*(g))<U_1(P,b,q^*(b))$,即软件厂商在均衡路径下的收益低于非均衡路径下的收益,存在偏离均衡的积极性,所以此时不存在精炼贝叶斯均衡。

在给定第三方平台的行动选择为$(g,b)\rightarrow(ND,D)$,即满足条件 $\alpha>1-\frac{G_{\mathrm{H}}}{J+L}$时,软件厂商在均衡路径上的收益为

$$\begin{cases} U_1(P,g,q^*(g)) = U_1(P,g,ND) = B+S_1-C_1-\varepsilon_1 \\ U_1(NP,g,q^*(g)) = U_1(NP,g,ND) = S_2-C_2-P_3 \end{cases} \tag{4-48}$$

软件厂商在非均衡路径上的收益为

$$\begin{cases} U_1(P,b,q^*(b)) = U_1(P,b,D) = S_1-(\varepsilon_1+\varepsilon_2 T) \\ U_1(NP,b,q^*(b)) = U_1(NP,b,D) = S_2-P_2-(\varepsilon_1+\varepsilon_2 T) \end{cases} \tag{4-49}$$

根据式(4-48)和式(4-49)可得,如果 $T>\max\left\{\dfrac{C_1-B}{\varepsilon_2},\dfrac{C_2+P_3-P_2-\varepsilon_1}{\varepsilon_2}\right\}$成立,则此时满足 $U_1(P,g,q^*(g))>U_1(P,b,q^*(b))$,且 $U_1(NP,g,q^*(g))>U_1(NP,b,q^*(b))$,即软件厂商在均衡路径下的收益高于非均衡路径下的收益,不存在偏离均衡的积极性。因此,当 $\alpha>1-\dfrac{G_{\mathrm{H}}}{J+L}$,且保护期的压缩时间满足条件 $T>\max\left\{\dfrac{C_1-B}{\varepsilon_2},\dfrac{C_2+P_3-P_2-\varepsilon_1}{\varepsilon_2}\right\}$时,$\left\{(g,g),(ND,ND),\widetilde{P}(P|g)>1-\dfrac{G_{\mathrm{H}}}{J+L}\right\}$是该博弈的混同精炼贝叶斯均衡。此均衡意味着,第三方平台压缩保护期的时间太长时,不积极研发补丁的软件厂商愿意花成本发送高意愿信号伪装自己为积极研发补丁的软件厂商;对于第三方平台而言,其收益将取决于市场上积极研发补丁的软件厂商的分布情况,当$\widetilde{P}(P|g)>1-\dfrac{G_{\mathrm{H}}}{J+L}$时,第三方平台对两种类型的软件厂商选择正常保护期都能获益,均衡状态成立。

4.6 本章小结

(1)运用演化博弈理论研究了网络安全漏洞共享平台信息披露过程中多元参与主体行为策略博弈演化过程,系统考察了网络安全漏洞共享平台信息披露策略的影响因素。研究表明,软件质量较差时,为保护软件厂商的利益,促进注册会员比例增长,漏洞共享平台转向"封闭披露"策略;软件厂商遭受攻击损失 $\bar{\theta}$ 较少时,软件厂商注册会员的积极性不高,而随着 $\bar{\theta}$ 的增大,无论何种披露模式,软件厂商将稳定于"注册会员"策略;p_{s1}、p_{s2} 和 C 的关系直接决定着漏洞共享平台的策略选择,当会员收费不足以弥补公开披露所引发的成本时,平台将坚持"封闭披露"策略,反之则可采纳"公开披露"策略;对"白帽子"的支付报酬 p_{b},一方面受制于软件厂商的约束,另一方面则受制于黑客的约束。网络安全漏洞披露已成为网络安全风险控制的中心环节，对于降低风险和分化风险起着至关重要的作用，为促使网络安全漏洞共享平台的有序运行，有效防范网络安全风险，提出如下政策建议：

① 从网络安全漏洞共享平台来说，仅仅从市场化角度考虑成本收益可能会引发较大的社会损失，网络安全作为公共安全的重要内容之一，政府应该加大对网络安全漏洞共享平台的支持力度，有效降低公开披露成本，使得平台面对“封闭披露”和“公开披露”策略选择时能够从容地实行负责任披露。诸如勒索病毒，各大漏洞披露平台均应在第一时间对社会公众予以告知。

② 对于软件厂商而言，高度重视软硬件产品漏洞和信息系统漏洞可能对产品用户和系统用户造成的危害，提升产品质量，积极参与CNCERT、漏洞共享平台等会员计划，及时核实确认并提供和发布漏洞补丁或解决方案。在产品远程升级、用户系统维护方面做好技术准备和主动服务，确保漏洞修复措施的有效性和覆盖面。

③ 针对黑客攻击，一方面黑客的存在客观对软件厂商努力提升其产品质量、及时开发漏洞补丁等方面有积极作用，因此一定规模的黑客存在有其积极的价值。但另一方面国家应当对恶意的黑客攻击进行公开的处罚、追责，加大惩戒的力度，对黑客攻击行为进行预警，增加黑客攻击的成本，有效抑制黑客的攻击行为。

(2) 通过对信息安全漏洞协同披露过程中，软件厂商和第三方漏洞共享平台的信号博弈研究，分析分离均衡和混同均衡两种状态。在市场呈现分离均衡状态时，第三方漏洞共享平台根据信号能准确地判断软件厂商的真实状态，进而决定是否压缩保护期，这种状态对于第三方平台和软件厂商都是一种最为理想的合作状态。当市场呈现混同均衡状态时，不同类型的软件厂商都发送高意愿信号，第三方漏洞共享平台的收益取决于市场中积极研发补丁的软件厂商的分布情况。

根据以上分析，提出以下建议：

① 合理确定保护期。补丁研发速度越快，软件厂商需要承担的补丁研发成本越大，适当地压缩保护期也可以促使补丁研发速度的增加，因此合理确定保护期对软件厂商和第三方漏洞共享平台都具有重要意义。正常保护期时间确定之后，软件厂商按时发布补丁的成本 ε_1 会影响分离均衡和混同均衡的成立条件。若正常保护期即会使软件厂商的研发成本 ε_1 过高，软件厂商会

失去获得正常保护期的动力，根据前面的信号博弈结论，市场在分离均衡状态时，第三方漏洞共享平台压缩保护期的区间范围也会缩小，保护期可调节时间范围变小；若正常保护期研发成本太低，则此保护期没有起到对软件厂商的督促作用，不积极研发补丁的软件厂商也会有动力发送虚假信号，破坏市场均衡。此外，对于可能不积极研发补丁的软件厂商，第三方漏洞共享平台在根据信号判断是否压缩保护期时，应当综合考虑企业的相关因素，根据不同软件厂商的情况决定压缩时间 T。除了补丁研发成本等漏洞相关因素，还应该考虑到企业自身的声誉损失、潜在的攻击损失等因素，确保 T 在一定的区间范围内，从而满足分离均衡必须的条件，使第三方平台和软件厂商能达到最理想的合作状态。

② 调控软件厂商声誉损失。由前面的信号博弈结论可知，软件厂商的声誉损失对保护期压缩时间也有影响。若漏洞被黑客发现利用的经济损失和声誉损失与不积极研发补丁的低意愿厂商被平台披露之后的声誉损失之差太大，即 $P_3 \gg P_2$，则会导致漏洞压缩保护期的区间范围增加，甚至超出原始保护期的范围，此时第三方平台不能根据可调节范围精确压缩保护期，声誉损失也不会引起软件厂商的重视；若差值太小，则可能导致区间上限小于下限，分离均衡的区间条件不成立，软件厂商或许无法承受。一般情况下，当第三方平台发现不积极研发补丁的低意愿软件厂商在被第三方平台披露之后的声誉损失太小时，可以借用新闻媒介或者站内推广等手段，扩大该软件厂商行为的传播范围；当其声誉损失太大时，第三方平台可利用后台调整漏洞信息的位置，减少关注度。调控声誉损失的同时，也要采取措施督促不积极研发补丁的软件厂商，对声誉损失的调控最终会有利于整个市场达到分离均衡状态。

③ 建立健全软件厂商的补丁研发征信系统，完善失信惩罚机制。由前面的结论可知，在混同均衡状态下，市场中积极研发补丁的软件厂商的存在比例影响第三方平台的最终收益，当市场中积极研发补丁的软件厂商比例超过一定范围时，第三方漏洞信息共享平台对软件厂商都选择正常保护期也可以获益。混同均衡状态下，第三方平台无法根据信号判别软件厂商的类型，因此需要建立健全软件厂商的补丁研发征信系统，对软件厂商的守约和违约行为进行记录，对积极研发补丁的软件厂商给予鼓励，对不积极研发补丁的软件厂商进行惩戒，让每一个软件厂商的守信和失信行为都有迹可循。市场中

积极研发补丁的软件厂商存在比例增加,即使市场没有办法达到分离均衡状态,也能确保第三方漏洞共享平台所需要的社会公共收益。

④ 完善相关立法。目前我国关于漏洞披露行为本身的管控条文极少,所需遵从的国家有关规定范围不明确,第三方平台在进行漏洞披露时有承担潜在法律风险的可能。根据前面的分析可知,达到分离均衡状态的条件之一是使第三方平台针对不积极研发补丁的软件厂商发送低意愿信号被压缩保护期的收益大于正常保护期的收益,因此需要减小 G_L。建议相关立法能够明确软件厂商、第三方漏洞披露平台和政府机构的职责设置,围绕安全漏洞披露主体、披露对象、披露方式和披露责任豁免规定进行网络安全漏洞披露规则体系的论证与设计。

第5章　网络安全漏洞披露影响因素实证分析

本章通过对当前网络安全漏洞产业的解构，探析在第三方漏洞共享平台介入下系统耦合性的影响因素，通过实证分析识别关键因素，为调整和优化协同披露策略提供依据。

5.1　问题提出

由于安全漏洞处置过程中涉及的不同参与主体利益的侧重点各有不同，加剧了漏洞处置的复杂性。在高危安全漏洞日益增多，补丁开发、应用耗费时间更长的后信息化时代，以信息共享和维护用户利益为导向的协同披露面临的最大难点在于如何确保漏洞披露和补丁发布两个子系统的耦合性。据国家信息安全漏洞库统计，2017年该平台共披露漏洞18628个，2018年共披露漏洞24160个，2019年共披露漏洞17820个，软件漏洞数量呈高位态势，而在2019年披露的漏洞中，超高危、高危、中危及低危漏洞的补丁发布率分别仅为73.75%、75.87%、73.09%和70.48%，即20%~30%的漏洞没有可供修复的补丁。对于没有及时发布补丁的漏洞，漏洞信息可能在漏洞地下市场被交易，黑客可充分利用披露的信息对软件用户发起攻击，激发信息安全风险。漏洞信息的披露显然与漏洞补丁发布是相互影响的，两个子系统能否产生协同放大效应关键在于两个子系统的耦合性，而目前关于两个子系统耦合性的影响因素的研究，无论是理论还是实证均相对缺乏。此外，究竟是什么原因使得软件厂商放弃修复诸多披露的漏洞呢？学者们针对漏洞协同披露过程中存在的诸多干扰因素展开了大量的研究，如漏洞发布的时间节点、补丁发布和更新的成本及责任分担、补丁应用程序延迟可能带来的安全风险和业务中断成本的权衡等。但研究重点均在单个影响因素的“净效应”方面，并没有对软件厂商补丁发布行为的影响因素进行全面的识别，探析多种因素的“联合效应”。特别是软件厂商的补丁发布是一个复杂的决策过程,通过传统的单因素净效应分析无法完全解释,各种因素之间的互动性可能会导致彼此替代或互补。因此,软件厂商补丁发布行为究竟受到哪些因素组态的影响? 这也是本章需要探究的问题。

5.2　网络安全漏洞披露与补丁发布耦合机理分析

根据黄道丽和石建兵对网络安全漏洞产业的分析,结合国内外相关政策法规、各类漏洞披露平台实践,对当前我国漏洞产业系统各关键处置环节主要参与主体的关系进行梳理,如图 5-1 所示。

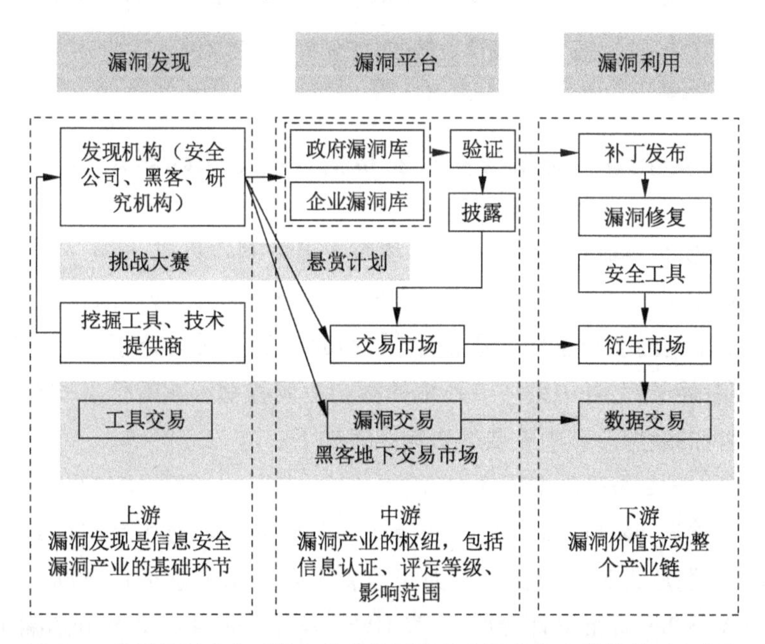

图 5-1　我国漏洞产业系统各关键处置环节主要参与主体的关系示意图

美国学者 Weick 最早应用耦合理论解决社会经济问题,主要用于研究外部环境作用下社会系统中两个及以上的子系统相互作用、彼此影响的现象。随着耦合概念在不同学科的迁移和应用,耦合性常用来说明两类现象之间的关联程度。通过上述对漏洞产业的分析可得出,在信息安全漏洞处置过程中,漏洞披露和补丁发布两个子系统之间存在着衔接关联,如图 5-2 所示。该衔接关联性越高,在第三方漏洞共享平台介入下漏洞披露和补丁发布间的耦合性就越高，漏洞披露协同效应愈加显著。

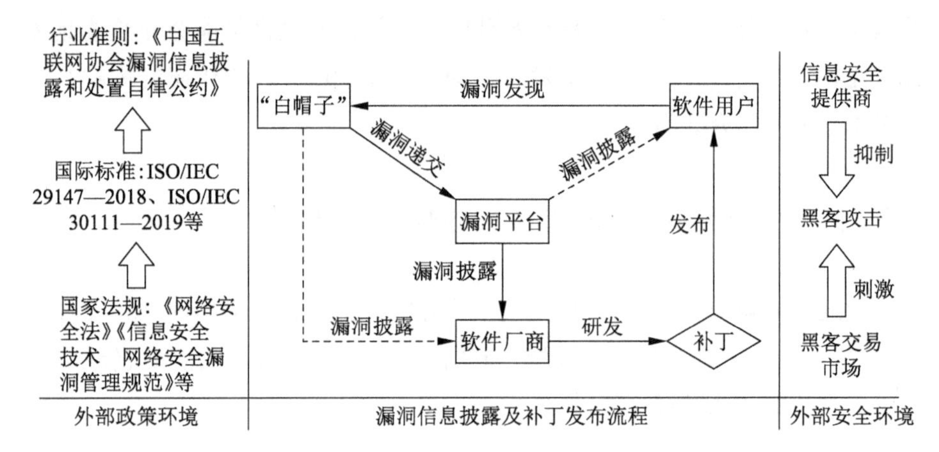

图 5-2　漏洞披露与补丁发布耦合关系图

5.3　网络安全漏洞披露与补丁发布耦合性影响因素识别

在网络安全漏洞产业中，由于各参与主体的利益诉求不尽一致，软件用户或者“白帽子”将漏洞报送到第三方漏洞平台之后，平台何时披露、披露哪些要素，对不同的参与主体的影响不同，因此漏洞披露与补丁发布系统的耦合性存在各种干扰，各关键环节系统的耦合协调程度影响着信息安全漏洞整体协同运行的效率。其中主要的影响因素如下：

1. 信息安全漏洞严重程度

CVSS，全称 common vulnerability scoring system，即“通用漏洞评分系统”，用于评价漏洞危害和漏洞得分。国家信息安全漏洞共享平台对漏洞严重程度采用 CVSS 2.0 标准的评分原则，在 CVSS 系统中获得 0~3.9 分的漏洞被定义为低危漏洞，仅可能被本地利用且需要认证，成功的攻击者很难或无法访问不受限制的信息、无法破坏或损坏信息且无法制造任何系统中断；获得 4.0~6.9 分的漏洞称为中危漏洞，可被拥有中级入侵经验者利用，且不一定需要认证，成功的攻击者可以部分访问受限制的信息、可以破坏部分信息且可以禁用网络中的个体目标系统；获得 7.0~10.0 分的高危和超危漏洞可被轻易访问利用，且几乎不需要认证，成功的攻击者可以访问机密信息、可以破坏或删除数据且可以制造系统中断。漏洞严重程度越高，被黑客实施成功入侵的概率越大，软件厂商对严重程度越高的漏洞反应越强烈，而漏洞评分对软件厂商可以起到指导作用，推动软件厂商及软件用户对高等级威胁漏洞的重视。

假设 1：漏洞严重程度越高，软件厂商发布补丁的速度越快。

2. 信息安全漏洞关注度

漏洞披露范围不当将会引致更多的黑客攻击，披露的漏洞受到的关注越多，该效应越显著。在第三方漏洞共享平台，无论是国家信息安全漏洞库、国家信息安全漏洞共享平台，还是补天、漏洞盒子等，当漏洞信息披露后，会引起包括“白帽子”、黑客、软件厂商、软件用户、竞争对手等各类群体的关注。关注度越高，则说明该漏洞越能引起各方的重视，黑客攻击的强度、厂商开发补丁的力度、软件用户修复的速度等均会受此影响。

假设 2：漏洞的用户关注度越高，软件厂商发布补丁的速度越快。

3. 信息安全漏洞影响软件产品的数量

开源化趋势成为软件开发的主流，开源软件演变为软件供应链中重要的一环，也为软件供应链的安全埋下重大隐患来源，开源软件的漏洞可能会影响系列产品。2017 年，一个名为“KRACK”（密钥重安装攻击）的漏洞暴露了 WPA2 的一个基本漏洞，黑客可对接入 Wi-Fi 的设备进行攻击，这个漏洞会影响许多设备，如计算机、手机、路由器，几乎每一款无线设备都有可能被攻击。当一个漏洞可能影响的产品越多，给软件厂商以及用户带来的潜在损失就会越大，因此，漏洞影响的产品数量将影响软件厂商漏洞补丁开发的速度。

假设 3：漏洞影响的产品数量越多，软件厂商发布补丁的速度越快。

4. 外部攻击类型

Chen 等针对应用环境，利用概率论建立了攻击分布的基本均匀模型、基本梯度模型、智能均匀模型和智能梯度模型等对攻击概率进行评估，网络互联扩大了攻击的范围，增大了攻击的概率。在互联网时代，当漏洞可以被远程攻击时，相较于只能用临近网络和本地攻击的漏洞，其适用范围更广，风险更大，更有可能使软件用户造成损失，影响软件厂商的声誉。因此，当可攻击路径为远程网络时，软件厂商开发漏洞补丁的速度会加快。

假设 4：漏洞被攻击的范围越广，软件厂商发布补丁的速度越快。

5. 补丁发布与漏洞信息公开披露顺序

通常情况下，软件厂商在获知漏洞后应及时发布补丁，但是软件厂商基于经济利益最大化目标,会拖延补丁的发布,甚至不发布。此时,第三方漏洞共享平台在经历一段时间的保护期后,将会对漏洞信息予以公开披露。因此,根据漏洞披露和补丁发布的先后顺序,本书分两种情境进行研究:漏洞公开披露在补丁发布之前(情境A)和漏洞公开披露在补丁发布之后(情境B)。情境A下,攻击者不必自己去寻找漏洞即可展开目标攻击,增加了软件用户的风险,此时,迫于用户的压力,软件厂商需要在厂商声誉和补丁修复成本之间做出适当的均衡。情境B下,软件厂商主要考虑补丁修复成本。

假设5:漏洞公开披露与补丁发布顺序对信息安全漏洞修复存在调节效应。

5.4 基于Cox模型的实证分析

生存分析是研究生存现象和响应时间数据及其统计规律的现代统计分析方法,可以将事件发生的结果和出现此结果的持续时间结合起来研究,在时间分布不明确、存在大量失访数据等情况下,有明显优势。本书在研究系统耦合性影响因素的过程中,需要同时考虑补丁发布时间与补丁发布结果,既包含生存时间,又包含生存结果,因此采用生存分析法进行实证分析。

在生存分析中常用的估计方法有三种:参数分析法、非参数分析法和半参数分析法。其中,半参数分析法可以在未知生存时间分布的情况下,分析多个因素对生存时间的影响程度。通过分析影响因素的作用,以及生存事件在不同时刻结束的风险函数,可以得到带有影响因素的生存函数。半参数分析法中的Cox模型,不是直接以生存时间作为回归方程的因变量,而是采用危险函数和基础危险函数的比值描述自变量对生存时间的影响,能有效地控制混杂因素。考虑到在本书系统耦合性影响因素的研究中,生存时间是一个随机变量,其分布形式未知,且时间长短会受到多个因素的影响,同时作为生存结果的研究数据中可能存在删截。因此,本书通过构建Cox模型,运用调查数据对模型参数进行估计,比较不同影响因素对补丁发布时长的影响。

当前,国家级官方漏洞披露机构主要有国家信息安全漏洞共享平台和国家信息安全漏洞库,本书选择国家信息安全漏洞共享平台作为数据来源,利用八爪鱼采集器从国家信息安全漏洞共享平台上抓取了从2018年11月6日到2020年1月10日的1450条漏洞基本信息数据,剔除了没有CVE-ID的漏洞,最终剩余916条漏洞信息,包括漏洞的名称、关注度、漏洞等级、攻击途径、漏洞报送时间、漏洞公开披露时间、补丁发布时间、影响产品。对应的生存分析问题要素定义如下:

(1) 事件开始时间:漏洞报送时间,即漏洞发现者将漏洞报送到平台的时间。

(2) 事件终止时间:补丁发布时间,即软件厂商针对漏洞发布补丁的时间。

(3) 生存时间:漏洞未被修复的时间,即补丁发布时间与漏洞报送时间的时间差。

(4) 结局变量存在两种情况:①软件厂商在数据获取时间内已经发布补丁,漏洞信息公开披露和补丁发布先后顺序包括情境A和情境B;②在观测时间内有报送漏洞,但是软件厂商在数据获取时间之前未发布补丁。

根据研究对象的结局,生存时间数据可分为两种:完全数据和删截数据。通过以上分析可知,第①种结局明确知道事件的开始时间、结束时间,故为完全数据;第②种结局只知道有漏洞被报送到平台,不知道补丁发布时间,但是能够知道其补丁发布时长至少大于多长时间,因此为删截数据。

设 n 个不同的漏洞作为样本($i=1,2,3,\cdots,n$),在观测范围内,第 i 个漏洞补丁发布的时间为 t_i,同时存在一组相关的影响因素 $X_j(j=1,2,3,\cdots,p)$,Cox回归模型的表达式为

$$\ln h(t,X)=\ln h_0(t)+(\beta_1X_1+\beta_2X_2+\cdots+\beta_pX_p)$$

式中,β_j 为回归系数($j=1,2,3,\cdots,p$);$h(t,X)$ 是时间 t 与 X 有关的风险函数;$h_0(t)$ 为基准风险函数,它是与时间有关而与 X_j 无关的任意函数,即所有自变量 X_j 都取0时 t 时刻的风险函数,函数形式无任何限定。模型中变量设置以及变量描述统计分别如表5-1和表5-2所示。

表5-1　变量设置

变量类型	变量名称	变量描述
应变量	Patched	虚拟变量:若漏洞已经有补丁发布,则值为1;否则为0
自变量	Severity	漏洞在第三方平台被划分为三个等级:低级赋值为0,中级赋值为1,高级赋值为2
	A-degree	漏洞信息被第三方平台披露后,受到关注的程度

续表

变量类型	变量名称	变量描述
自变量	N-product	受该漏洞影响的产品数量
	Attack-type	虚拟变量:若黑客对该漏洞可以实施远程网络攻击,则其值为 1;若只可以实施非远程网络攻击,则其值为 0
	Dis-or-not	虚拟变量:情境 A 状况下值为 1;情境 B 状况下则值为 0(设漏洞披露和补丁发布在同一天的变量值为 0)

表 5-2　变量描述统计

变量	平均值	平均值标准误差	标准偏差
Patched	0.74	0.014	0.439
Severity	1.2194	0.01999	0.06498
A-degree	822.63	14.376	435.097
N-product	1.9	0.063	1.907
Attack-type	0.8352	0.01227	0.37125
Dis-or-not	0.3	0.015	0.459

5.4.1　Cox 模型

利用 SPSS 统计软件进行 Cox 模型分析,筛选模型自变量的方法共有七种,其中向前 LR,即最大偏似然估计的似然比检验法得到的结果最为可靠。对所获取数据采用逐步回归法进行 Cox 模型分析,模型系数的显著性检验如表 5-3 所示。模型拟合自变量进入和剔除的检验水准分别为 0.05 和 0.1 时,三种检验的显著性均小于 0.05,筛选后的最佳模型包含三个自变量,该拟合模型总体检验具有统计学意义。

表 5-3　模型系数的显著性检验

步长	-2 对数似然	总体(得分)			从上一步进行更改			从上一块进行更改		
		χ^2	自由度	显著性	χ^2	自由度	显著性	χ^2	自由度	显著性
1[a]	7783.476	627.558	1	0.000	778.656	1	0.000	778.656	1	0.000
2[b]	7730.182	669.788	2	0.000	53.295	1	0.000	831.951	2	0.000
3[c]	7696.654	697.912	3	0.000	33.528	1	0.000	865.479	3	0.000

注:a. 步骤号 1:Dis-or-not 处输入的变量;b. 步骤号 2: Attack-type 处输入的变量;c. 步骤号 3: A-degree 处输入的变量。

表 5-4 列出了方程(5-1)中的变量,其中,β 为回归系数;SE 为回归系数标准误差;Wald 用于检验回归系数与 0 有无显著性差异;Exp(β)为胜算比值,表示该自变量每增加一个单位,事件持续时间危险度变化的倍数。厂商补丁发布时间的危险函数为

$$\ln h(t,X)=\ln h_0(t)+(0.131X_1+0.728X_2+3.591X_3) \tag{5-1}$$

式中,X_1、X_2、X_3 分别表示变量 A-degree、Attack-type、Dis-or-not。

A-degree、Attack-type、Dis-or-not 三个变量的回归系数均为正,表明关注度越高、攻击类型为远程网络、补丁和漏洞信息在情境 A 下,厂商补丁发布的速度更快;其中影响程度最大的是 Dis-or-not,Dis-or-not 的危险比为 36.283,代表情境 A 状况下的厂商发布补丁的概率是情境 B 状况下的 36.283 倍,说明漏洞公开披露与补丁发布顺序对信息安全漏洞修复的调节效应显著,第三方漏洞共享平台的漏洞公开披露对于厂商发布补丁有正向作用,倒逼软件厂商尽快发布漏洞补丁;A-degree 对厂商的补丁发布时间有显著影响,每增加一个单位,发布补丁的相对危险度(relative risk,RR)为 1.001,相对危险度的 95%置信区间(confidence interval,CI)为 1.000~1.001;Attack-type 对补丁发布时间也有显著影响,远程网络攻击的漏洞相对于非远程网络攻击的漏洞补丁发布的相对危险度为 2.072,相对危险度(RR)的 95%CI 为 1.689~2.540。

表 5-4　方程中的变量

步骤号	变量	β	SE	Wald	P	Exp(β)	95.0%Exp(β)的 CI	
							下限	上限
步骤 1	Dis-or-not	3.388	0.183	344.423	0.000	29.595	20.694	42.324
步骤 2	Attack-type	0.710	0.104	46.633	0.000	2.033	1.659	2.492
	Dis-or-not	3.569	0.186	367.917	0.000	35.479	24.637	51.091
步骤 3	A-degree	0.131	0.000	38.406	0.000	1.001	1.000	1.001
	Attack-type	0.728	0.104	49.005	0.000	2.072	1.689	2.540
	Dis-or-not	3.591	0.187	368.839	0.000	36.283	25.149	52.345

漏洞披露过程中,从整体的角度来分析生存状态和存续时间之间的关系如图 5-3 所示,从图中可以直观地看出,在漏洞被报送平台的第 1 天到第 60 天阶段,生存曲线十分陡峭,说明此阶段漏洞生存率下降得非常迅速,此时为厂商发布补丁的高发期。405 天后,生存率基本维稳,说明在这个时间点之

后,厂商针对漏洞发布补丁的概率非常小。

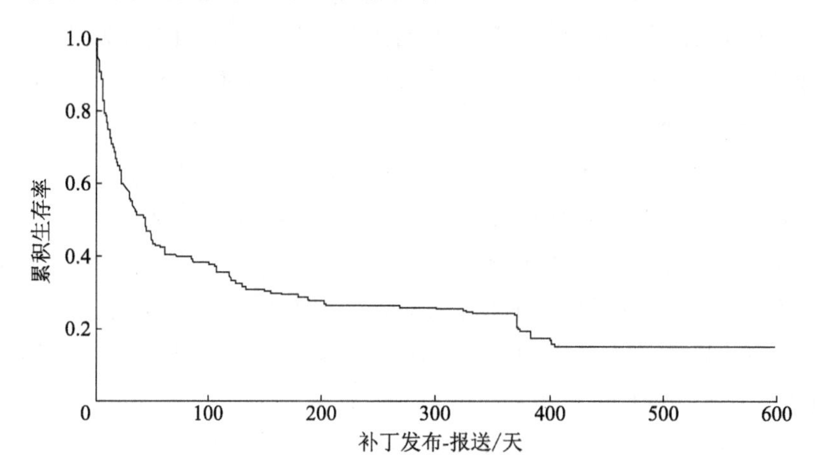

图 5-3　总体生存状态和存续时间的关系

5.4.2　模型结果分析

近年来,漏洞披露已经成为一个有争议性的话题,披露方式也更倾向于协同披露,要尽可能地降低不同群体面临的网络安全威胁,需要合理缩短供应厂商的补丁发布时间、减少用户损失、降低安全风险。漏洞披露和补丁发布两个子系统能否产生协同放大效应,主要取决于系统的耦合性。第三方漏洞信息共享平台在漏洞公开披露时间方面需要合理确定指标,否则可能会增加安全风险,还需要充分审视漏洞本身的属性以及由此给软件厂商补丁发布带来的影响,从而最终能够有效提升漏洞的修复率。由实证分析结果可知,A-degree、Attack-type、Dis-or-not 三个变量对厂商补丁发布时间有显著影响,其中变量 Dis-or-not 对厂商补丁发布时间的影响最大,其次是 Attack-type,最后是 A-degree。而 Severity 和 N-product 两个变量对厂商补丁发布时间无显著影响。假设检验结果如表 5-5 所示。

表 5-5　假设检验结果

研究假设	结果
假设 1:漏洞严重程度越高,软件厂商发布补丁的速度越快。	不成立
假设 2:漏洞的关注度越高,软件厂商发布补丁的速度越快。	成立
假设 3:漏洞影响的产品数量越多,软件厂商发布补丁的速度越快。	不成立
假设 4:漏洞被攻击的范围越广,软件厂商发布补丁的速度越快。	成立
假设 5:漏洞公开披露与补丁发布顺序对信息安全漏洞修复存在调节效应。	成立

漏洞的严重程度越高,相对而言漏洞补丁的修复成本越高,修复成本中既包括软件厂商发布补丁的成本,也包括软件用户进行系统修补升级而导致的成本,为了寻求补丁修复的经济性,第三方漏洞共享平台对严重程度较高漏洞的公开披露周期相对延长。因此,从采集的样本数据分析中得到漏洞严重程度与补丁发布速度之间无显著正相关性,假设 1 不成立。

在目前国内软件产业链中,因漏洞攻击而造成的损失更多的是由软件用户自己承担,在软件供应商和软件用户之间就信息安全产生的成本和损失并没有成熟的责任分担机制。此外,开源软件并未从其后续的软件产品中获得直接收益,在漏洞补丁开发及发布时,可能会存在责任推诿现象。因此,漏洞影响的产品数量对补丁发布速度无显著相关性,假设 3 不成立。

5.5　网络漏洞披露对补丁发布影响的实证模型构建

5.5.1　模型构建

漏洞客观存在于软件中,其本身并没有威胁性,但当漏洞被发现,并且黑客利用该漏洞实施攻击的时候,损害就因此发生,通过研发补丁不断修复漏洞和升级软件是解决软件漏洞的主要途径。漏洞补丁发布的协同需求源自两个方面:漏洞本身形成的内生需求和外部安全环境形成的外生需求。在模型中,内生需求的主要考虑因素有漏洞的严重度和广泛度,外生需求的主要考虑因素则是漏洞的攻击类型和关注度。内外部需求共同体现了软件漏洞的危害程度。所谓危害程度,是指漏洞被利用时对用户信息资产造成损失的严重程度,其主要与损失的严重程度和漏洞被利用的可能性相关,即

$$\text{Criticality} = \text{Severity} \times \text{Probability}$$

式中,Criticality 为危害程度;Severity 为影响的严重程度,指脆弱性被最大利用时对系统安全造成的直接影响的严重程度;Probability 为可利用性,指软件脆弱性被最大利用的可能性。在本书中,Severity 主要指漏洞的严重度,而 Probability 则主要与漏洞的广泛度、攻击类型及受到的关注度有关。

1. 软件漏洞的严重度

软件漏洞的严重度体现了该漏洞对软件安全性的影响,漏洞的严重度越高,软件越脆弱。Gordon 和 Loeb 通过对软件漏洞的脆弱性以及被入侵后的潜在损失进行研究后认为,在给定的潜在损失水平下,软件漏洞的脆弱性对

安全决策行为有显著影响。由于阻碍效应的存在，因而黑客在选择攻击目标的时候，也会通过漏洞扫描等行为选择更脆弱的漏洞实施攻击。漏洞的严重度越高，被黑客实施成功入侵的概率越大，由于软件入侵事件会对软件厂商的声誉、市值等产生负面影响，软件厂商更加重视高严重度漏洞，因此，软件漏洞的严重度越高，软件厂商研发其补丁的可能性越大。

2. 软件漏洞的广泛度

本书中软件漏洞的广泛度是指受某个漏洞影响的关联产品数量。使用越广泛的软件中存在的漏洞越可能被利用，例如针对操作系统 Windows 的攻击代码相当普遍。Chen 等指出，为了发挥软件系统的网络规模效应，企业在购置软硬件时倾向于与关联企业相兼容，由此产生的系统脆弱共同性增加了软件漏洞的广泛度，最终影响整体的安全水平。近年来，开源化趋势成为软件开发的主流，开源软件也演变为软件供应链中的重要一环，但也为软件供应链安全埋下了重大隐患，因为开源软件的漏洞可能会影响系列产品。当一个漏洞可能影响的产品数量越多，给软件厂商以及顾客带来的潜在损失就会越大，因此，当漏洞影响的产品数量增加、广泛度增加时，软件厂商针对漏洞研发补丁的可能性更大。

3. 软件漏洞的外部攻击类型

不同的软件，其利用权限不一致，根据利用权限可以分为本地用户、远程用户和一般用户三种。若利用该漏洞所需要的权限越大，则该漏洞被攻击的可能性越小。Grossklags 等通过网络范围、攻击类型、损失可能性和技术成本等要素探讨了个体组织安全防御策略，发现网络攻击类型较之于本地攻击其威胁性更大。Chen 等针对应用环境，利用概率论建立了攻击分布的基本均匀模型、基本梯度模型、智能均匀模型和智能梯度模型等对攻击概率进行评估，认为网络互联扩大了攻击的范围，提升了攻击的概率。在互联网时代，当漏洞可以被远程攻击时，相较于只能用临近网络和本地攻击的漏洞，适用范围更广，风险更大，更有可能造成软件用户的损失，影响软件厂商的声誉。因此，当攻击类型为远程网络时，软件厂商研发漏洞补丁的可能性更大。

4. 软件漏洞的关注度

对于第三方漏洞共享平台，无论是国家信息安全漏洞库、国家信息安全漏洞共享平台，还是补天漏洞响应平台、漏洞盒子等漏洞平台，当漏洞信息披露后，会引起包括“白帽子”、黑客、软件厂商、软件用户、竞争对手等各类群体的关注。在相似领域，上市公司信息披露后，市场关注度与市场反应的正相关关系显著，公司的媒体关注度越高，其所发布的社会责任报告更能得到资本市场的认可。Ransbotham 等基于创新扩散理论研究得出，如果漏洞信息通过市场机制被披露，那么攻击将会大大减少。但若漏洞披露范围不当，则会引致更多黑客攻击，当披露的漏洞受到的关注越多时，该效应越显著。因此，关注度越高，则说明该漏洞越能引起各方重视，黑客攻击的强度增加，软件厂商研发补丁的可能性更大。

综上所述，本书提出了软件漏洞补丁发布概念模型，如图 5-4 所示。

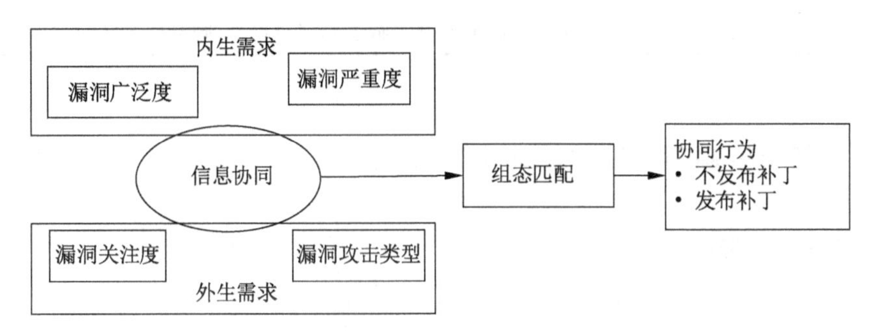

图 5-4　软件漏洞补丁发布概念模型

5.5.2　研究方法选择

定性比较分析（QCA）法是一种以案例为导向而非以变量为导向的研究方法。张明和杜运周从分析技术和研究方法层面完整地解析了定性比较分析法在组织和管理研究中应用的可行性，其中模糊集定性比较分析（fsQCA）法在研究“联合效应”和“互动关系”时颇具优势。因此，本书在识别软件厂商补丁发布行为单个影响因素的基础上，采用 fsQCA 法分析各因素对补丁发布行为的“联合效应”以及各因素之间的“互动关系”，由此总结归纳推动软件厂商补丁研发行为的因素组合。

5.5.3　变量的选择与测量

依据上述分析，在模型构建中选择补丁发布与否作为信息协同效应的结果变量，即因变量，将严重度、关注度、广泛度及攻击类型作为自变量，体现信息协同的内外部需求因素，测量漏洞的危害程度。各变量的描述如表 5-6 所示。

表 5-6　变量描述

变量类型	变量名称	变量描述
因变量	补丁发布	若软件厂商已经发布漏洞补丁,则其值为 1;否则为 0
自变量	严重度	漏洞严重程度值,根据漏洞的攻击复杂度以及攻击对信息机密性、完整性、可用性方面的破坏性评定,取值范围为[0,10]
	关注度	漏洞信息被第三方平台披露后,受到关注的程度
	广泛度	受该漏洞影响的产品数量,受影响产品的数量越多,则广泛度越高
	攻击类型	若黑客对该漏洞可以实施远程网络攻击,则其值为 1;否则为 0

5.6　基于模糊集定性比较的实证分析

5.6.1　描述性统计

对研究中所涉及的前因变量和结果变量进行描述性统计分析,基本情况如表 5-6 所示。由表 5-7 可知,本研究的 4 个前因变量之间的相关性不强,在不考虑其他因素的情况下,关注度、攻击类型、严重度及广泛度与补丁发布之间存在正相关关系,接下来在此基础上对数据做进一步分析。

表 5-7　相关性分析

变量	平均值	标准差	关注度	攻击类型	严重度	广泛度	补丁发布
关注度	822.630	435.0967	1				
攻击类型	0.846	0.3611	0.03	1			
严重度	5.923	1.8925	0.092^{**}	0.248^{***}	1		
广泛度	1.902	1.9069	0.038	0.039	0.016	1	
补丁发布	0.74	0.439	0.111^{***}	0.135^{*}	0.253^{**}	0.098^{*}	1

注:*** 表示 $p<0.001$;** 表示 $p<0.01$;* 表示 $p<0.05$。

5.6.2　变量的校准

模糊集和常规变量之间的关键区别在于它们如何被概念化和标记,在执行 QCA 之前必须对条件和结果数据进行校准。为了将其作为一个模糊集进行校准,就必须指定一个目标集合,该目标集合不仅构成了集合的校准,还提供了理论话语与实证分析之间的直接联系。

本研究采用模糊集定性比较分析(fsQCA)法,运用直接校准法将相关前因条件和结果校准为模糊集隶属分数。其中交叉点是在定距尺度变量的值上决定案例是大部分属于还是大部分不属于目标集的具有最大模糊性的值。在前因变量中,关注度、严重度、广泛度及攻击类型的交叉点的校准标准为均值,完全不隶属校准标准为“均值-标准差”,完全隶属的校准标准为“均值+标准差”,因为均值反映的是所有被披露软件漏洞的平均水平,而标准差反映了所披露的软件漏洞在某一个指标上的差异性,最终校准结果如表 5-8 所示。

表 5-8　各变量的校准阈值

变量	完全不隶属锚点	中间点锚点	完全隶属锚点
关注度	387.53	822.63	1257.73
严重度	4.03	5.923	7.82
广泛度	1	3	5
攻击类型	0	—	1

5.6.3　实证结果与分析

1. 单因素必要性分析

按照 fsQCA 法研究的一般步骤,首先检验单因素及其非集是否构成结果(补丁发布和补丁不发布)的必要条件,即检验结果集合是否为单因素及其非集的子集,通常使用一致性来衡量。当一致性水平大于 0.9 时,则判定该单因素或非集为结果集合的必要条件。使用 fsQCA 法检验的结果如表 5-9 所示,由表可知所有前因条件在单独情况下均不能构成特定结果(补丁发布和补丁不发布)实现的必要条件。所有单项前因条件及其非集影响补丁发布的必要性均未超过 0.8,影响补丁不发布的必要性均未超过 0.3。因此,所有单项前因条件均不构成补丁发布或补丁不发布的必要条件。

表 5-9　前因要素充分性和必要性检验结果

变量	补丁发布		补丁不发布	
	一致性	覆盖度	一致性	覆盖度
关注度	0.439415	0.728098	0.467467	0.271902
~关注度	0.560585	0.749925	0.532533	0.250075
严重度	0.462026	0.707507	0.544134	0.292494
~严重度	0.537975	0.770739	0.455867	0.229261

续表

变量	补丁发布		补丁不发布	
	一致性	覆盖度	一致性	覆盖度
广泛度	0.410509	0.721806	0.450713	0.278192
~广泛度	0.589491	0.753528	0.549287	0.246473
攻击类型	0.613569	0.753623	0.571429	0.246377
~攻击类型	0.386431	0.719780	0.428571	0.280220

2. 前因组态充分性分析

本研究运用 fsQCA 3.0 软件运行数据，在构建真值表过程中，阈值的设置如下：① 案例频数阈值。由于样本案例总数很大，杜运周和贾良定提出频数阈值应当使得保留的案例数大于等于总案例数的 75%。本研究中案例总数为 916，有效前因条件组合的频数阈值设置为 50。②原始一致性阈值。原始一致性值大于阈值的前因条件组态是结果的子集，结果赋值 1，否则为 0，本研究中将原始一致性最低阈值设为 0.75。

对真值表进行分析后得到三种解：复杂解、简约解及优化解。参照已有研究，本书采用中间解并以简约解辅助判断。软件厂商补丁发布前因条件构型结果如表 5-9 所示，其中，"●"表示核心前因条件存在、"⊗"表示核心前因条件缺失；"·"表示辅助前因条件存在、"⊗"表示辅助前因条件缺失；空白处表示前因条件既可存在也可缺失。

由表 5-10 可知，每个组态的一致性和总体一致性均高于最低标准 0.75，补丁发布的总体覆盖率为 0.443，补丁不发布的总体覆盖率为 0.416，与组织和管理领域 QCA 研究基本持平。从结果而言，fsQCA 法有效识别了 6 种前因组态，这些前因组态可以表明，当软件厂商实施补丁发布决策时，前因要素的存在与缺失究竟对厂商补丁发布决策产生正向或是负向的影响。

表 5-10　软件厂商补丁发布前四条件型结果

类别	补丁发布			补丁不发布		
	D1	D2	D3	N1	N2	N3
攻击类型	·		●	⊗	·	●
关注度		●	⊗	●		⊗

续表

类别	补丁发布			补丁不发布		
	D1	D2	D3	N1	N2	N3
严重度	●	●		⊗	⊗	
广泛度	⊗	⊗	●		⊗	⊗
覆盖率	0.138	0.227	0.234	0.167	0.21	0.179
净覆盖率	0.138	0.071	0.078	0.07	0.07	0.137
一致性	0.791	0.8	0.784	0.756	0.821	0.721
总体覆盖率		0.443			0.416	
总体一致性		0.788			0.77	

在补丁发布实现组态 D1（攻击类型+严重度+～广泛度）和 D2（关注度+严重度+～广泛度）中，漏洞的严重度作为核心前因条件存在，广泛度的缺失发挥辅助作用。在 D1 中，攻击类型发挥了辅助作用。在 D2 中，在攻击类型可存在也可缺失的情况下，关注度发挥了核心作用。在 D3（攻击类型+～关注度+广泛度）中，攻击类型和广泛度发挥核心作用，广泛度的缺失发挥辅助作用。

在导致软件厂商补丁不发布的组态 N1（～攻击类型+关注度+～严重度）中，漏洞严重度和攻击类型的缺失是核心前因条件，关注度发挥核心作用。在 N2（攻击类型+～严重度+～广泛度）中，漏洞严重度和广泛度的缺失是核心前因条件，攻击类型作为辅助前因条件存在。在 N3（攻击类型+～关注度+～广泛度）中，广泛度和关注度的缺失是核心前因条件，攻击类型作为核心前因条件存在。

本研究组态的总体一致性为 0.788，表明 6 个组态对软件厂商发布补丁行为的解释程度为 78.8%，总体覆盖率为 0.859，研究结果最终能覆盖 85.9% 的案例。在运用定性比较分析法过程中，需要同时对所有组态的一致性和覆盖率进行分析，6 个组态的一致性均在 0.79 左右，证明 6 个组态与软件厂商补丁发布均存在较好的子集关系，对补丁发布行为有较高的解释力。从结果来看，fsQCA 法能有效识别 6 个前因组态，表明了不同的前因要素组态中各要素的存在或缺失是如何影响软件厂商补丁的发布行为的。

3. 稳健性检验

本研究根据张明和杜运周提出的 QCA 研究方法的完整步骤,对上述结果进行稳健性检验。根据成熟的研究建议,本研究调整了一致性阈值,将原始一致性最低阈值由 0.75 调整为 0.76,对样本数据进行重新处理。在一致性阈值分别为 0.76 和 0.75 下得到的前因条件组态基本相同,与上述所提出的命题结论也相符,因此所得到的研究结论具备稳健性。

5.6.4 组态效应理论分析

根据软件厂商补丁发布的前因条件组态及其背后理论分析,与补丁不发布的前因组态对比,提出如下三个研究命题:

(1) 在广泛度较低的情况下,漏洞的严重度是软件厂商研发补丁的核心前因条件。从漏洞严重度的对比分析中可以发现,严重度高的漏洞引致补丁发布的样本案例占比较高(D1、D2),覆盖率分别是 0.138 和 0.227,一致性分别为 0.791 和 0.8,高于补丁发布样本案例的总体一致性 0.788;而严重度低的漏洞引致补丁不发布的样本案例占比也较高(N1、N2),覆盖率分别为 0.167 和 0.21,一致性分别为 0.756 和 0.821。Cremonini 和 Nizovtsev 研究指出,当攻击者具有完全信息,并且能在不同的攻击目标之间进行选择并实施网络攻击时,攻击者会用更多的精力攻击漏洞严重程度高的目标。Arora 等通过实证分析同样证明,漏洞严重度越高,对软件厂商补丁发布行为的影响就越大。上述分析均从理论上论证了漏洞的严重度是软件厂商补丁发布决策中的核心要素之一。

但仅有高危等级单一核心条件还是不够的,在 D1 中,攻击类型作为辅助条件存在,即对该漏洞存在网络远程攻击的情况下,放大了该漏洞被攻击的可能性。在 D2 中,关注度作为另外一个核心条件存在,关注度越高,因未及时发布补丁造成的社会声誉损失越大。由此可以推断,2019 年国家信息安全漏洞库披露的漏洞中,超高危、高危漏洞补丁的发布率分别只有 73.75%和 75.87%,可能原因是未发布补丁的高危漏洞受到的关注度不够或攻击类型主要以本地攻击为主。

命题 1:在软件厂商软件漏洞补丁协同管理中,严重度是软件厂商研发补丁的必要条件之一,但不是充分条件,漏洞的攻击类型和关注度共同影响着软件厂商是否发布高危漏洞补丁。

(2) 对组态 D3 进行分析,组态 D3 的覆盖率达到 0.234,是所有组态中覆盖率最高的组态。对比分析组态 D3 与组态 N2、N3，即便是在网络攻击前因存在的条件下，若广泛度前因不存在，则无论关注度和严重度是缺失还是待定，软件厂商都很有可能不发布补丁，如 N2 的覆盖率为 0.21，N3 的覆盖率为 0.179。黑客实施的攻击行为可以划分为直接攻击和通过网络的衍生攻击。Huang 和 Behara 利用网络理论研究了定向攻击和随机攻击对企业安全投资的影响，指出当多个信息系统相互关联、安全事件会造成较大损失时，企业应当着重关注黑客的网络入侵。此外，漏洞补丁研发对于软件厂商来说，漏洞信息的披露与企业的市场价值存在正向影响，广泛度越高则影响越大。一般而言，开源软件中漏洞影响的产品数量要多于封闭的商业软件，但无论是软件用户还是研究机构都更倾向于开源软件，这在很大程度上取决于它的开放性和漏洞的随时弥补性。Arora 等实证分析结果表明，开源供应商发布补丁的速度比封闭源代码供应商快。与此同时，影响产品的数量、种类越多，研发每种产品补丁的边际成本越低，软件厂商发布补丁的积极性越高。

命题 2：在远程网络攻击环境下，广泛度高的漏洞更容易获得补丁，其软件安全保障可靠度高；广泛度低的漏洞软件厂商研发补丁的积极性低，安全性相对不可靠。

（3）在软件漏洞补丁管理过程中，漏洞关注度若作为一个核心前因条件，则需要漏洞严重度作为核心条件并存，软件厂商发布补丁的可能性才能提升。若关注程度作为核心条件存在，而漏洞严重度缺失，同时攻击类型作为辅助前因条件缺失，此时不管该漏洞广泛度如何，软件厂商研发漏洞补丁的意愿都会下降，即表中组态 N1，其覆盖率为 0.167，一致性为 0.756。在许多被披露的漏洞中，关注度很高，但其漏洞的威胁性并不大，面对此种类型的漏洞，软件厂商很可能放弃对其补丁的研发。例如，FlashFXP 存在本地拒绝服务漏洞（编号为 CNVD-2020-20443），攻击者可利用漏洞导致拒绝服务攻击，受到用户的广泛关注，关注度为 1136，危害级别为 4.9，属于中危漏洞，攻击类型为本地攻击，软件厂商并没有为此漏洞发布补丁。

命题 3：在软件漏洞补丁管理中，漏洞的关注度高是必要条件之一，但不是充分前因要素，若该漏洞的严重度低且主要遭受本地攻击，则不管该漏洞的关注度如何，软件厂商都有可能考虑放弃补丁的开发。

5.7 本章小结

在网络安全漏洞产业中，漏洞披露和补丁发布两个环节实现良好耦合，是国家网络安全保障的基础。除此之外，通过 fsQCA 法可以得出，软件厂商漏洞补丁发布具有“多重并发”的特点。任何一个前因要素均不能构成软件厂商补丁发布的必要条件，同时也不能成为充分条件，软件厂商的补丁发布行为是多种前因要素共同作用的结果，即具备“多重并发”的特点。本模型对比分析了软件厂商补丁发布和补丁不发布两种行为的前因组态，得出推动软件厂商发布补丁的三种主要路径，且组成每种路径的前因要素有多种。这一结论说明，在审视软件厂商补丁发布行为时，需要从整体视角来看待，而在以往的研究中，更多地集中在单一因素，如漏洞危害程度、补丁成本收益等。这充分解释了为何在国家信息安全漏洞库发布的超高危、高危、中危及低危漏洞中总有近 30%的漏洞得不到有效补丁修复。

基于以上研究结论，建议第三方漏洞共享平台和软件厂商在处置信息安全漏洞时，应关注以下方面。

(1) 第三方漏洞共享平台。建立规范的漏洞信息接收、处理和发布流程，确保漏洞信息的真实性和完整性，对漏洞报送者提交的信息要进行预先核实，例如攻击的可能途径、软件相关利益主体对该漏洞的关注度等，针对不同类型漏洞的修复规律和所需周期，充分研判后拟定漏洞公开披露时间。

通过相关技术手段对外生需求指标进行监测，掌握其动态变化。当内生需求因素高的漏洞的外生需求条件达到一定水平时，软件厂商大概率会主动研发补丁，不需要调整第三方平台漏洞披露的保护期时长；内生需求因素高但是外生需求条件没有达到一定水平的漏洞，需要采取一定的措施迫使软件厂商研发补丁。对于内生需求特征(严重度、广泛度)都较低的漏洞，可以重点关注，督促软件厂商研发补丁。

(2) 软件厂商。与漏洞发现者保持经常性的交流，及时发现与自己软件相关的漏洞信息并积极回应，核实确认漏洞严重度、广泛度、攻击类型及社会关注情况等，从产品研发、测试和发布等环节主动配合协同管理，并提供和发布漏洞补丁或解决方案，争取更长的漏洞保护期，降低补丁研发成本。在产品远程升级、用户系统维护方面做好技术准备和服务准备，确保漏洞修复措施的有效性和覆盖面。通过影响补丁发布时间的要素间的相互影响、协同匹配来优化披露和修复策略，从而提升整体信息安全漏洞管理效率。

本章的研究仍然存在一定的不足，主要体现为对软件厂商补丁发布行为影响因素的识别还不够全面，研究模型中可能没有包含所有的前因要素，如企业间的竞争要素、补丁成本及漏洞损失的责任分担等都可能影响软件厂商的补丁发布行为，后续将搜集更全面的数据对该问题做进一步探索。

第6章　网络安全漏洞披露周期设计

网络安全漏洞披露共享已被证实为信息安全漏洞治理的有效路径,但由于多主体、多属性参与,主体间如何建立合理的披露共享机制管控漏洞披露风险,即漏洞发现之后应该怎样披露、何时披露等问题变得日益复杂且重要,漏洞披露策略不同,对软件用户、软件供应商、第三方漏洞共享平台等利益相关方造成的影响有很大差异。本章基于序贯博弈研究第三方漏洞共享平台漏洞信息披露周期和软件供应商漏洞补丁发布策略。

6.1　问题提出

随着信息科技领域新技术的不断推出,针对重要信息系统、基础应用和通用软硬件漏洞的攻击也越来越活跃。据国家信息安全漏洞库(CNNVD)统计,近3年我国新增通用软硬件漏洞的数量年均增长20%左右,因漏洞引发的信息安全事故造成的经济损失超1000亿元,而2017年CNVD所披露的超危、高危、中危、低危漏洞对应的修复率分别仅为88.46%、83.78%、75.14%、84.78%。这就不可避免地带来一个疑问,如果披露漏洞不能得到有效治理,那么漏洞信息披露是否会带来更多的信息安全问题,甚至成为某些黑客进行攻击的方向标。若公开披露时间过早,则软件开发商可能尚未开发出补丁,黑客利用披露信息可对该软件用户实施入侵;但若公开披露时间过晚,则软件开发商可能补丁研发压力不足,黑客发现该漏洞并实施攻击的概率提升,不利于保护广大软件用户的利益。因此,合理设置披露策略是各类第三方漏洞共享平台重点决策的内容之一。漏洞公开披露周期问题成为第三方漏洞共享平台和各软件开发商之间博弈的焦点问题,也是本章要研究的问题。

6.2　漏洞披露周期模型描述

6.2.1　模型的研究思路

假设在同一应用软件市场上，有两家不同的软件供应商提供相同功能的应用软件，若其中存在软件漏洞并被黑客发现可对所有软件类似漏洞实施攻击，给软件供应商及软件用户造成损失。假设当前市场中软件供应商 $i(i\in\{1,2\})$ 在 0 时刻将软件投放市场，市场用户数量为 N_i。在 t_0 时刻漏洞被“白帽子”发现并报送给第三方漏洞共享平台，平台对该漏洞进行威胁度评估并核实，评估核实后通知软件供应商并决定多长时间（T）后向社会予以公开（即漏洞信息的公布期）。软件供应商在接收到漏洞信息后，决定开发出补丁软件等安全补救措施的时间设为 p_i，不失一般性，假设软件供应商 1 总是先于供应商 2 发布漏洞补丁信息，即 $p_1\leqslant p_2$。模型将分两种情境来研究，如图 6-1 所示。

情境 A：开发商在平台公布期之前发布漏洞补丁（$t_0\leqslant p_1\leqslant t_0+T,p_2\geqslant p_1$）；

情境 B：开发商在平台公布期之后发布漏洞补丁（$p_1\geqslant t_0+T,p_2\geqslant p_1$）。

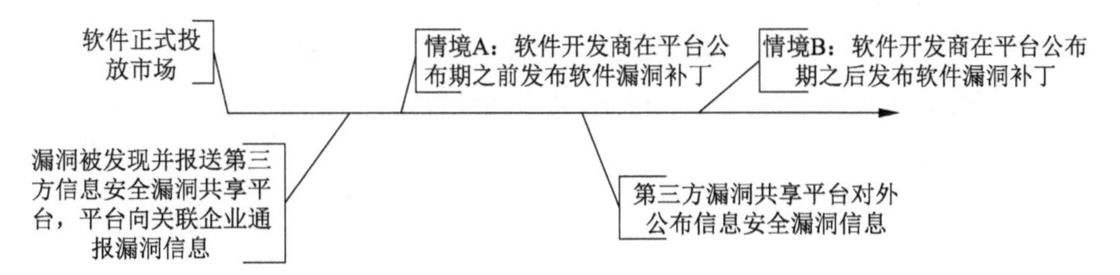

图 6-1　模型的研究思路

6.2.2　模型设计

1. 模型相关参数

（1）软件供应商

① 补丁开发成本：$\varepsilon_{i1}-\varepsilon_{i2}(p-t)$，其中 ε_{i1} 表示软件补丁研发固定即时成本，ε_{i2} 为延迟研发可能为其带来积极的边际收益。

② 黑客入侵相关参数：在漏洞信息未公布前，黑客发现软件漏洞服从概率密度为 α 的均匀分布，第一次发现漏洞的时间为 y，黑客对某个目标实施攻击的概率为 φ，软件被黑客成功入侵的概率为 δ。若漏洞信息一旦被第三方平

台公布，则发现软件供应商 i 用户的概率增加为 $k\varphi$；若其中一家软件供应商公布漏洞补丁，而另外一家未公布，则其用户被发现的概率为 $k^2\varphi$，其中 $k>1$。

③ 在第三方平台公布漏洞信息或某家软件供应商公布漏洞补丁后，软件应用企业在未得到软件开发商补丁之前，将会采取必要的措施进行风险防范，如关闭端口、权限升级、关闭部分业务流程等，因此黑客成功入侵的概率减小，设成功入侵的概率为 $\gamma\delta,\gamma\in(0,1)$ 。若软件应用企业获得补丁，则可完全成功防御攻击。

④ 声誉损失：假定每次成功的攻击都将给软件开发商带来一定比例的声誉损失，比例设定为 β。

（2）第三方漏洞共享平台

作为第三方漏洞共享平台，其期望函数为社会福利最大化或者社会损失最小化，社会成本主要源自于以下几个方面：

① 软件供应商的补丁开发成本。

② 软件应用企业被攻击后所带来的损失。设企业的受损额度为 $N_iD\theta$，其中 D 为企业的最高损失额度，$\theta\sim U(0,1)$ 表示不同的行业类型，例如金融等信息密集型行业一旦遭受攻击后，损失较大，而传统的劳动力密集型企业的损失则相对较少。

③ 当第三方平台公布漏洞信息后，软件应用企业通过关闭端口、权限升级、关闭部分业务流程等应对措施，将会增加软件应用企业的成本，设其单位时间成本为 s。

2. 参与方决策函数

（1）软件供应商

软件供应商的成本 V_{ij}，$i\in\{1,2\}$，$j\in\{a,b\}$ 表示两种不同情境，V_{ij} 主要由研发成本和发布补丁前因黑客入侵而导致的声誉损失等两部分所组成。

① 情境 A：开发商漏洞补丁在平台公布期之前发布（$t_0\leqslant p_1\leqslant t_0+T,p_2\geqslant p_1$）。

$$V_{1a}=\varepsilon_{11}-\varepsilon_{12}(p_1-t_0)+N_1\beta\int_0^{p_1}\int_y^{p_1}\alpha\delta\varphi\,\mathrm{d}t\mathrm{d}y$$

$$V_{1a}=\varepsilon_{11}-\varepsilon_{12}(p_1-t_0)+\frac{N_1\beta\alpha\delta\varphi p_1^2}{2}\tag{6-1}$$

$$V_{2a}=\varepsilon_{21}-\varepsilon_{22}(p_2-t_0)+N_2\beta\left(\int_0^{p_1}\int_y^{p_1}\alpha\delta\varphi\,\mathrm{d}t\mathrm{d}y+\int_{p_1}^{p_2}\gamma\delta k^2\varphi\,\mathrm{d}t\right)$$

$$V_{2a}=\varepsilon_{21}-\varepsilon_{22}(p_2-t_0)+N_2\beta\left[\frac{\alpha\delta\varphi p_1^2}{2}+\gamma\delta k^2\varphi(p_2-p_1)\right] \tag{6-2}$$

② 情境 B:开发商漏洞补丁在平台公布期之后发布($p_1\geqslant t_0+T,p_2\geqslant p_1$)。

$$V_{1b}=\varepsilon_{11}-\varepsilon_{12}(p_1-t_0)+N_1\beta\left(\int_0^{t_0+T}\int_y^{t_0+T}\alpha\delta\varphi\,\mathrm{d}t\mathrm{d}y+\int_{t_0+T}^{p_1}\gamma\delta k\varphi\,\mathrm{d}t\right)$$

$$V_{1b}=\varepsilon_{11}-\varepsilon_{12}(p_1-t_0)+N_1\beta\left[\frac{\alpha\delta\varphi(t_0+T)^2}{2}+\gamma\delta k\varphi(p_1-t_0-T)\right] \tag{6-3}$$

$$V_{2b}=\varepsilon_{21}-\varepsilon_{22}(p_2-t_0)+N_2\beta\left(\int_0^{t_0+T}\int_y^{t_0+T}\alpha\delta\theta\,\mathrm{d}t\mathrm{d}y+\int_{t_0+T}^{p_1}\gamma\delta k\varphi\,\mathrm{d}t+\int_{p_1}^{p_2}\gamma\delta k^2\varphi\,\mathrm{d}t\right)$$

$$V_{2b}=\varepsilon_{21}-\varepsilon_{22}(p_2-t_0)+N_2\beta\left[\frac{\alpha\delta\varphi(t_0+T)^2}{2}+\gamma\delta k\varphi(p_1-t_0-T)+\gamma\delta k^2\varphi(p_2-p_1)\right] \tag{6-4}$$

(2) 第三方漏洞共享平台

漏洞平台的成本 C_j 主要由软件供应商的总研发成本、软件用户因黑客入侵而产生的损失、部分用户在补丁未发布前因关闭软件部分功能而产生的损失等三个部分组成。

① 情境 A:开发商漏洞补丁在平台公布期之前发布($t_0\leqslant p_1\leqslant t_0+T,p_2\geqslant p_1$)。

$$C_a=\varepsilon_{11}-\varepsilon_{12}(p_1-t_0)+\varepsilon_{21}-\varepsilon_{22}(p_2-t_0)+(N_1+N_2)\int_0^{p_1}\int_y^{p_1}\int_0^1\alpha\delta\varphi\theta D\,\mathrm{d}\theta\mathrm{d}t\mathrm{d}y+\int_{p_1}^{p_2}\int_0^1 N_2\gamma\delta k^2\varphi D\theta\,\mathrm{d}\theta\mathrm{d}t+\int_{p_1}^{p_2}N_2 s\,\mathrm{d}t$$

$$C_a=\varepsilon_{11}+\varepsilon_{21}-\varepsilon_{12}(p_1-t_0)-\varepsilon_{22}(p_2-t_0)+(N_1+N_2)\frac{\alpha\delta\varphi\theta D}{4}p_1^2+N_2(p_2-p_1)\left(\frac{\theta\gamma\delta\varphi k^2 D}{2}+s\right) \tag{6-5}$$

② 情境 B:开发商漏洞补丁在平台公布期之后发布($p_1\geqslant t_0+T,p_2\geqslant p_1$)。

$$C_b=\varepsilon_{11}-\varepsilon_{12}(p_1-t_0)+\varepsilon_{21}-\varepsilon_{22}(p_2-t_0)+(N_1+N_2)\int_0^{t_0+T}\int_y^{t_0+T}\int_0^1\alpha\delta\varphi D\theta\,\mathrm{d}\theta\mathrm{d}t\mathrm{d}y+(N_1+N_2)\int_{t_0+T}^{p_1}\int_0^1\gamma\delta k\varphi D\theta\,\mathrm{d}\theta\mathrm{d}t+(N_1+N_2)\int_{t_0+T}^{p_1}s\,\mathrm{d}t+N_2\int_{p_1}^{p_2}\int_0^1\gamma\delta k\varphi D\theta\,\mathrm{d}\theta\mathrm{d}t+N_2\int_{p_1}^{p_2}s\,\mathrm{d}t$$

$$C_b=\varepsilon_{11}+\varepsilon_{21}-\varepsilon_{12}(p_1-t_0)-\varepsilon_{22}(p_2-t_0)+(N_1+N_2)D\frac{\alpha\delta\varphi(t_0+T)^2}{4}+$$

$$(N_1+N_2)D\frac{\gamma\delta k\varphi}{2}(p_1-t_0-T)+N_1+N_2 \tag{6-6}$$

6.3 模型分析

6.3.1 软件供应商漏洞补丁发布策略分析

(1) 情境 A ($t_0\leqslant p_1\leqslant t_0+T, p_2\geqslant p_1$)

在两家软件供应商博弈过程中,假定软件供应商1为市场先行者,因此对式(6-2)求导,求解得出软件供应商2的最优策略为

$$p_{2a}^*=\begin{cases}p_{1a}, & \beta N_2\gamma\delta k^2\varphi\geqslant\varepsilon_{22}\\ \infty, & \beta N_2\gamma\delta k^2\varphi<\varepsilon_{22}\end{cases}$$

对式(6-1)求导,求解得出软件供应商1的最优策略为

$$p_{1a}^*=\begin{cases}t_0, & t_0>\dfrac{\varepsilon_{12}}{N_1\alpha\beta\delta\varphi}\\ \dfrac{\varepsilon_{12}}{N_1\alpha\beta\delta\varphi}, & t_0\leqslant\dfrac{\varepsilon_{12}}{N_1\alpha\beta\delta\varphi}\leqslant t_0+T\\ t_0+T, & \dfrac{\varepsilon_{12}}{N_1\alpha\beta\delta\varphi}>t_0+T\end{cases}$$

令 $\phi_1=\dfrac{\varepsilon_{12}}{N_1\beta\delta\varphi}$ 表示软件供应商1单位时间成本收益率,$\phi_2=\dfrac{\varepsilon_{22}}{N_2\beta\delta\varphi}$ 表示软件供应商2单位时间成本收益率。

情境A下供应商策略汇总如表6-1所示。

表6-1 情境A下供应商策略汇总

条件	p_{1a}^*	p_{2a}^*	
		$\gamma k^2\geqslant\phi_2$	$\gamma k^2<\phi_2$
$t_0>\dfrac{\phi_1}{\alpha}$	t_0	t_0	∞
$t_0\leqslant\dfrac{\phi_1}{\alpha}\leqslant t_0+T$	$\dfrac{\phi_1}{\alpha}$	$\dfrac{\phi_2}{\alpha}$	∞
$\dfrac{\phi_1}{\alpha}>t_0+T$	t_0+T	t_0+T	∞

(2) 情境 B($p_1 \geqslant t_0+T, p_2 \geqslant p_1$)

对式(6-4)求导,求解得出软件供应商 2 的最优策略为

$$p_{2b}^{*}=\begin{cases}p_{1b}, & \beta N_2\gamma\delta k^2\varphi \geqslant \varepsilon_{22}\\ \infty, & \beta N_2\gamma\delta k^2\varphi < \varepsilon_{22}\end{cases}$$

对式(6-3)求导,求解得出软件供应商 1 的最优策略为

$$p_{1b}^{*}=\begin{cases}t_0+T, & N_1\beta\gamma\delta k\varphi \geqslant \varepsilon_{12}\\ \infty, & N_1\beta\gamma\delta k\varphi < \varepsilon_{12}\end{cases}$$

情境 B 下供应商策略汇总如表 6-2 所示。

表 6-2　情境 B 下供应商策略汇总

条件	p_{1b}^{*}	p_{2b}^{*}	
		$\gamma k^2 \geqslant \phi_2$	$\gamma k^2 < \phi_2$
$\gamma k \geqslant \phi_1$	t_0+T	t_0+T	∞
$\gamma k < \phi_1$	∞	∞	∞

6.3.2　第三方平台信息安全漏洞发布策略

(1) 假设条件 $\gamma k \geqslant \phi_1, \gamma k^2 \geqslant \phi_2$ 均成立,由表 6-1、表 6-2 可知,当 $t_0 > \dfrac{\phi_1}{\alpha}$ 时,软件供应商漏洞补丁公布策略均为即时发布,$p_i^{*}=t_0$,即软件供应商在发布补丁时不考虑第三方平台的漏洞公布周期 T,此时第三方平台策略 T 可以取任意值。

当 $t_0 \leqslant \dfrac{\phi_1}{\alpha} \leqslant t_0+T$ 时,$p_1=\dfrac{\phi_1}{\alpha}, p_2=\dfrac{\phi_2}{\alpha}$,此时第三方平台的成本与发布周期相互独立,因此 $T^{*} \in \left[\dfrac{\phi_1}{\alpha}-t_0, \infty\right)$。

当 $\dfrac{\phi_1}{\alpha} > t_0+T$ 时,将 $p_1^{*}=t_0+T$, $p_2^{*}=t_0+T$ 代入式(6-5)后,对 T 求导得

$$T^{*}=\begin{cases}0, & \omega_1 < t_0\\ \omega_1-t_0, & t_0 < \omega_1 < \dfrac{\phi_1}{\alpha}\\ \dfrac{\phi_1}{\alpha}-t_0, & \omega_1 > \dfrac{\phi_1}{\alpha}\end{cases}$$

其中，$\omega_1=\dfrac{2(\varepsilon_{12}+\varepsilon_{22})}{(N_1+N_2)\alpha\delta\varphi\theta D}$。

（2）假设条件 $\gamma k\geqslant\phi_1$，$\gamma k^2<\phi_2$ 均成立，将 $p_{2a}^*=\infty$ 代入式(6-5)后得

$$C_a=(\varepsilon_{11}+\varepsilon_{21})-\varepsilon_{12}(p_1-t_0)-\varepsilon_{22}(p_2-t_0)+(N_1+N_2)\frac{\alpha\delta\varphi\theta D}{4}p_1^2+$$

$$N_2(p_2-p_1)\left(\frac{\theta\gamma\delta\varphi k^2 D}{2}+s\right)$$

当 $t_0>\dfrac{\phi_1}{\alpha}$ 时，软件供应商漏洞补丁公布策略均为即时发布，$p_1^*=t_0$，即软件供应商在发布补丁时不考虑第三方平台的漏洞公布周期 T，此时第三方平台策略 T 可以取任意值。

当 $t_0\leqslant\dfrac{\phi_1}{\alpha}\leqslant t_0+T$ 时，$p_1=\dfrac{\phi_1}{\alpha}$，$p_2=\infty$，此时第三方平台的成本与发布周期相互独立，因此 $T^*\in\left[\dfrac{\phi_1}{\alpha}-t_0,\infty\right)$。

当 $\dfrac{\phi_1}{\alpha}>t_0+T$ 时，有

$$T^*=\begin{cases}0, & \omega_2<t_0\\ \omega_2-t_0, & t_0<\omega_2<\dfrac{\phi_1}{\alpha}\\ \dfrac{\phi_1}{\alpha}-t_0, & \omega_2>\dfrac{\phi_1}{\alpha}\end{cases}$$

其中，$\omega_2=\dfrac{2\varepsilon_{12}+N_2\delta\theta\varphi\gamma k^2 D+2N_2 s}{(N_1+N_2)\alpha\delta\varphi\theta D}$。

（3）当 $\gamma k<\phi_1$ 时，无论平台公布周期如何变化，供应商均可选择不对信息安全漏洞补丁予以公布，但若平台对此类漏洞信息不予以公布，即当 $T=\infty$ 时永远不公布漏洞信息，情境 B 条件($p_1\geqslant t_0+T$)无法成立，此时通过式(6-1)求解软件供应商 1 的最优策略为 $p_1^*=\max\left\{t_0,\dfrac{\phi_1}{\alpha}\right\}$。

软件供应商 2 的最优策略为

$$p_2^*=\begin{cases}\max\left\{t_0,\dfrac{\phi_1}{\alpha}\right\}, & \beta N_2\gamma\delta k^2\varphi\geqslant\varepsilon_{22}\\ \infty, & \beta N_2\gamma\delta k^2\varphi<\varepsilon_{22}\end{cases}$$

博弈各参与方在各种条件下的策略汇总如表 6-3 所示。

表 6-3　博弈各参与方的策略汇总

应用条件	第三方漏洞共享平台 T^*	软件供应商 p_1^*	软件供应商 p_2^*
$\gamma k<\phi_1$ $\gamma k^2\geqslant\phi_2$	∞	$\max\left\{t_0,\dfrac{\phi_1}{\alpha}\right\}$	$\max\left\{t_0,\dfrac{\phi_1}{\alpha}\right\}$
$\gamma k<\phi_1$ $\gamma k^2<\phi_2$	∞	$\max\left\{t_0,\dfrac{\phi_1}{\alpha}\right\}$	∞
$\gamma k\geqslant\phi_1,\gamma k^2\geqslant\phi_2$ $t_0>\dfrac{\phi_1}{\alpha}$	任意值	t_0	t_0
$\gamma k\geqslant\phi_1,\gamma k^2\geqslant\phi_2$ $t_0\leqslant\dfrac{\phi_1}{\alpha}\leqslant t_0+T$	$\left[\dfrac{\phi_1}{\alpha}-t_0,\infty\right)$	$\dfrac{\phi_1}{\alpha}$	$\dfrac{\phi_2}{\alpha}$
$\gamma k\geqslant\phi_1,\gamma k^2\geqslant\phi_2$ $\dfrac{\phi_1}{\alpha}>t_0+T$ $\omega_1<t_0$	0	t_0+T	t_0+T
$\gamma k\geqslant\phi_1,\gamma k^2\geqslant\phi_2$ $\dfrac{\phi_1}{\alpha}>t_0+T$ $t_0<\omega_1<\dfrac{\phi_1}{\alpha}$	ω_1-t_0	t_0+T	t_0+T
$\gamma k\geqslant\phi_1,\gamma k^2\geqslant\phi_2$ $\dfrac{\phi_1}{\alpha}>t_0+T$ $\omega_1>\dfrac{\phi_1}{\alpha}$	$\dfrac{\phi_1}{\alpha}-t_0$	t_0+T	t_0+T
$\gamma k\geqslant\phi_1,\gamma k^2<\phi_2$ $t_0>\dfrac{\phi_1}{\alpha}$	任意值	t_0	∞
$\gamma k\geqslant\phi_1,\gamma k^2<\phi_2$ $t_0\leqslant\dfrac{\phi_1}{\alpha}\leqslant t_0+T$	$\left[\dfrac{\phi_1}{\alpha}-t_0,\infty\right)$	$\dfrac{\phi_1}{\alpha}$	∞

续表

应用条件	第三方漏洞共享平台T^*	软件供应商p_1^*	软件供应商p_2^*
$\gamma k \geqslant \phi_1, \gamma k^2 < \phi_2$ $\omega_2 < t_0$	0	t_0+T	∞
$\gamma k \geqslant \phi_1, \gamma k^2 < \phi_2$ $t_0 < \omega_2 < \frac{\phi_1}{\alpha}$	$\omega_2 - t_0$	t_0+T	∞
$\gamma k \geqslant \phi_1, \gamma k^2 < \phi_2$ $\omega_2 > \frac{\phi_1}{\alpha}$	$\frac{\phi_1}{\alpha} - t_0$	t_0+T	∞

6.4 本章小结

第三方信息安全漏洞共享平台不同参与主体(软件开发商、软件应用商、正常用户及黑客等)的行为决策规则不同,作为第三方介入的共享平台在信息安全漏洞披露范围、披露时序等方面若不健全,反而有可能会加速安全风险的扩散。本章通过设置不同情境以社会福利最大化为目标分析第三方漏洞平台和软件供应商应对软件漏洞的行为策略。

作为信息安全漏洞处理主体的软件供应商,其对漏洞的容忍力度是不一样的,这主要受制于市场地位、市场占有率、漏洞补丁研发成本及黑客的攻击能力等。2017 年,鉴于“KRACK”漏洞影响的广泛性,微软公司在第一时间发布了安全补丁,苹果公司在几周后发布了修复补丁,安卓系统各合作厂商随后也获得了谷歌公司发的补丁,并择时发布。第三方漏洞信息共享平台为了使社会福利最大化需要综合考虑市场参与者的反应来制定漏洞发布策略,平衡“公众被告知相关安全漏洞”与“生产商具有充分的时间进行有效的回应”之间的矛盾,通过建模分析确定一个对群体而言最佳的披露时间表。

第7章　工业互联网漏洞生命周期管理策略分析

第三方漏洞共享平台“白帽子”团队属于临时团队的一种，同时又有虚拟组织和创新组织的特点，其团队内知识共享行为当前的研究重点在于如何快速建立信任来保证知识共享，而关于临时团队内知识共享的过程和激励则少有研究。在网络安全漏洞知识共享方面，研究的重点放在企业组织层面，而在个体层面的研究则较少。在第三方漏洞共享平台进行测试项目的“白帽子”团队中的个体是有限理性的，其博弈策略的选择根据收益情况而定，并随着其他博弈方策略的变化而变化，符合演化博弈的设定要求。因此，本章针对危害度高的工业互联网领域的网络安全漏洞问题进行研究，通过对临时团队内“白帽子”的安全知识共享行为进行分析，运用演化博弈方法，探索各种影响因素对临时团队“白帽子”安全知识共享演化轨迹的作用。

除此之外，本章还使用了具有相同或者相似生产控制系统的相互独立的厂商为研究对象，对其合作开发漏洞补丁的过程建立了模型，分析了影响相关厂商合作开发补丁决策的关键因素，对政府及相关机构促进厂商的漏洞修复工作具有积极的指导意义。

7.1　问题提出

工业互联网安全问题是整个国家网络安全的重要组成部分，工业互联网安全事故具有影响面广、经济损失大等特征。当前，随着《关于深化“互联网+先进制造业”发展工业互联网的指导意见》等国家战略规划的出台，工业互联网在我国得到飞速发展，已经成为推动制造业转型升级、发展实体经济的新型网络基础设施。然而，工业互联网具有的低时延、高可靠、广覆盖的典型工业属性，使得工业互联网平台连接业务复杂，连接设备种类繁多，数据格式多样，在推进智能化、柔性化、协同化生产的同时，安全边界也越发模糊，受攻击面不断扩大，工业互联网平台各层均存在安全风险。近年来，工业网络安全事件频发。例如，2010 年，“震网”蠕虫通过外围设备 U 盘侵入控制网络，更改 PLC 中的程序和数据，对伊朗的核设施造成了严重的破坏；2016 年，乌克兰电力公司的网络系统遭到黑客攻击，导致大规模停电。工业网络安全问题已经从专家性问题变成了受普遍关注的全民问题，如何提高工业网络的安全性和可靠性是所有利益相关者的责任。

针对工业互联网安全问题，全世界范围内都建立了工控系统应急中心，其中影响力最大的是成立于 2009 年的美国工控系统应急中心，我国也于 2016 年建立了工业互联网安全应急响应中心，非官方的工控安全企业近年来也如雨后春笋般出现并蓬勃发展。但是我国现在的第三方漏洞共享平台面临着两个比较现实的问题：一是企业的参与问题；二是平台的效率问题。因为平台的效率不高会直接导致企业的参与动机不足，所以如何提高我国第三方漏洞共享平台的效率是亟待解决的问题。作为漏洞挖掘者的“白帽子”群体，其工作效率的高低直接影响着第三方漏洞共享平台的运作效率。“白帽子”是指正面黑客，他们会利用黑客技术测试网络和系统的性能，从而判断系统能够承受的入侵的强度，或者将发现的漏洞在专门的漏洞披露平台曝光促使相关公司及时做出漏洞修补。知识共享能明显提升组织创新和绩效，但是“白帽子”在进行网络安全漏洞知识共享时会带来时间、精力的耗费及机会成本，并且“知识寄生虫”的存在也会明显降低“白帽子”进行知识共享的积极性，所以研究第三方漏洞共享平台临时团队“白帽子”间的网络安全漏洞知识共享对提高“白帽子”团队的工作效率和工作能力，从而提高第三方漏洞共享平台的运作效率和竞争力具有重要的现实意义。本章运用演化博弈理论来分析第三方漏洞共享平台临时团队内“白帽子”间进行网络安全漏洞知识共享过程中的策略演化机制以及各因素对演化过程产生的影响，并根据研究结果提出促进临时团队内“白帽子”进行网络安全漏洞知识共享的建议。

工业互联网由于自身的特点，其安全防御能力薄弱，并且其安全涉及国家关键基础设施和工业生产，所以工业互联网漏洞被发现后必须尽快完成修复。由于相同工业领域中厂商使用的工控系统种类较少，很多都采用相同或相似的工控系统，这就导致某一厂商被发现系统漏洞后，很多厂商也存在相似或相同的漏洞。如果厂商之间选择合作开发漏洞，那么无疑能缩短补丁开发时间，减少漏洞风险，但是部分厂商为了节省漏洞开发成本会选择“搭便车”,这会导致厂商独立研发漏洞补丁的均衡策略,不符合帕累托最优标准。而演化博弈能很好地表示厂商合作开发补丁时的决策行为变化,因此有必要运用演化博弈理论对多厂商漏洞补丁开发过程的合作策略进行研究,分析影响厂商合作开发漏洞补丁的因素,以及这些因素对合作策略的影响程度。

7.2　漏洞披露共享中“白帽子”群体知识共享模型构建

临时团队中的“白帽子”在参与网络安全漏洞知识共享时由于背景不同,各自在知识的质量和存量上一般存在知识势差,所以“白帽子”在共享有关软件漏洞、黑客信息、病毒等网络安全漏洞知识时互为供需,是双向共享,故“白帽子”i 的策略集合均为{共享,不共享}。设 K_i 表示“白帽子”本身固有的与工业互联网安全相关的知识量,其知识量越大表明“白帽子”的业务能力越强。设“白帽子”参与网络安全漏洞知识共享时对其他成员的信任度为 ω_i,信任度越高则“白帽子”进行网络安全漏洞知识共享的意愿越强烈,“白帽子”选择共享的网络安全漏洞知识量可以用 $\omega_i K_i$ 表示。“白帽子”如何运用存储在脑中的网络安全漏洞知识并将其转化为具体的漏洞是测试项目成功的关键。本模型假设网络安全漏洞知识的漏洞转化率为 α_i。在知识共享的过程中,作为共享客体的知识不会随着共享活动的增加而产生折旧,反而会在共享群体中表现为知识量的增加,并且组织成员知识量会在增加到一定阈值时产生质变,产生新的知识,称之为知识的增值性。本模型设网络安全漏洞知识共享中的知识增值率为 γ。在第三方漏洞共享平台,“白帽子”通过提交渗透漏洞获得奖励,平台的漏洞有超高危、高危、中危和低危之分,本模型不做详细区分,设漏洞的平均收益为 e。另外,平台为了激励“白帽子”团队内的网络安全漏洞知识共享,设置了对漏洞披露领先团队的额外团队奖励,团队奖励与团队成员挖掘的漏洞的数量和危险程度有关。本模型设“白帽子”临时团队获得团队奖励的概率为 β,漏洞奖励率用 λ 表示。在知识共享过程中会产生共享成本,主要包括由知识提供方在传递知识时付出的时间成本、人力成本等组成的传递成本以及因知识传递而带来的自身优势降低风险的机会成本。正是由于知识共享存在成本,导致了“知识寄生虫”的产生,而知识共享中“搭便车”行为会极大地损害知识共享提供方的积极性。本模型中不对共享成本做展开,用 C_i 来表示。

“白帽子”采用不同的博弈策略所得到的博弈收益如下：

（1）当“白帽子”1、“白帽子”2 均采用策略{不共享,不共享}时,“白帽子”之间没有发生网络安全漏洞知识共享,也没有共享成本,同时也不会获得团体奖励,此时“白帽子”相当于单独进行渗透测试,其收益为$\{K_1 \cdot \alpha_1 \cdot e, K_2 \cdot \alpha_2 \cdot e\}$。

（2）当共享主体选择不同的共享策略时,如“白帽子”1 采用共享策略,而“白帽子”2 采用不共享策略,选择“知识共享”策略的“白帽子”1 只能获得运用固有知识单独进行渗透测试的漏洞收益,并且会产生一定的共享成本,但是有可能获得平台提供的团队奖励,故其总收益为$K_1 \cdot \alpha_1 \cdot e+[(K_1\omega_1+K_2) \cdot (1+\gamma)\alpha_2+K_1\alpha_1] \cdot \lambda\beta-C_1$;选择不共享策略的“白帽子”2 没有进行知识共享,而是选择“搭便车”,他会获得对方进行共享的网络安全漏洞知识以及共享知识与自我固有知识的协同作用带来的漏洞收益,但会受到惩罚而无法得到团队奖励,即其总收益为$K_1\omega_1+(K_1\omega_1+K_2)(1+\gamma)\alpha_2 e$;反之,“白帽子”1 的总共享收益为$K_2\omega_2+(K_2\omega_2+K_1)(1+\gamma)\alpha_1 e$,“白帽子”2 的总共享收益为$K_2 \cdot \alpha_2 \cdot e+[(K_2\omega_2+K_1)(1+\gamma)\alpha_1+K_2 \cdot \alpha_2] \cdot \lambda\beta-C_2$。

（3）若双方均采用共享策略,共享双方会获取一定的共享收益,但也都会承担一定的共享成本。共享收益由两部分组成：一是对方选择“知识共享”策略所带来的收益,包括直接接受的网络安全漏洞知识以及接受的知识产生的协同效应带来的安全漏洞收益的增加;二是平台可能给予的团队奖励,即平台为鼓励共享主体的知识共享行为而向漏洞披露表现优秀的团队提供的团队激励。此时双方的共享收益为$\{K_2\omega_2+(K_2\omega_2+K_1)(1+\gamma)\alpha_1 e+[(K_2\omega_2+K_1)(1+\gamma)\alpha_1+(K_1\omega_1+K_2)(1+\gamma)\alpha_2] \cdot \lambda\beta-C_1, K_1\omega_1+(K_1\omega_1+K_2)(1+\gamma)\alpha_2 e+[(K_2\omega_2+K_1)(1+\gamma)\alpha_1+(K_1\omega_1+K_2)(1+\gamma)\alpha_2] \cdot \lambda\beta-C_2\}$。

基于上述定义,创建工业互联网平台“白帽子”团队间知识共享的收益矩阵如表 7-1 所示。

表7-1　“白帽子”网络安全漏洞知识共享博弈收益矩阵

“白帽子”2 “白帽子”1	共享	不共享
共享	$K_2\omega_2+(K_2\omega_2+K_1)(1+\gamma)\alpha_1e+[(K_2\omega_2+K_1)(1+\gamma)\alpha_1+(K_1\omega_1+K_2)(1+\gamma)\alpha_2]\cdot\lambda\beta-C_1$; $K_1\omega_1+(K_1\omega_1+K_2)(1+\gamma)\alpha_2e+[(K_2\omega_2+K_1)(1+\gamma)\alpha_1+(K_1\omega_1+K_2)(1+\gamma)\alpha_2]\cdot\lambda\beta-C_2$	$K_1\alpha_1e+[(K_1\omega_1+K_2)(1+\gamma)\alpha_2+K_1\alpha_1]\lambda\beta-C_1$; $K_1\omega_1+(K_1\omega_1+K_2)(1+\gamma)\alpha_2e$
不共享	$K_2\omega_2+(K_2\omega_2+K_1)(1+\gamma)\alpha_1e$; $K_2\alpha_2e+[(K_2\omega_2+K_1)(1+\gamma)\alpha_1+K_2\alpha_2]\lambda\beta-C_2$	$K_1\cdot\alpha_1\cdot e$; $K_2\cdot\alpha_2\cdot e$

7.3　漏洞披露共享中“白帽子”群体知识共享演化博弈模型分析

7.3.1　演化平衡点分析

假设“白帽子”1选择网络安全漏洞知识共享的概率为x,则选择不共享的概率为$1-x$;“白帽子”2选择网络安全漏洞知识共享的概率为y,则选择不共享的概率为$1-y(0\leqslant x,y\leqslant 1)$。因此,“白帽子”1在选择知识共享和知识不共享时,对应的期望收益分别为

$$U_{1Y}=(1-y)\cdot\{K_1\cdot\alpha_1\cdot e+[(K_1\omega_1+K_2)(1+\gamma)\alpha_2+K_1\alpha_1]\cdot\lambda\beta-C_1\}+y\{K_2\omega_2+(K_2\omega_2+K_1)(1+\gamma)\alpha_1e+[(K_2\omega_2+K_1)(1+\gamma)\alpha_1+(K_1\omega_1+K_2)(1+\gamma)\alpha_2]\lambda\beta-C_1\}$$

$$U_{1N}=y\cdot[K_2\omega_2+(K_2\omega_2+K_1)(1+\gamma)\alpha_1e]+(1-y)\cdot K_1\cdot\alpha_1\cdot e$$

则“白帽子”1的平均收益为$\overline{U_1}=xU_{1Y}+(1-x)U_{1N}$。

根据演化博弈理论,“白帽子”策略改变的过程是一个学习过程,其学习的速度与当前选择知识共享的“白帽子”的比例和选择知识共享的收益有关,团队中选择知识共享“白帽子”的比例越大,收益越好(相较于平均收益),则“白帽子”学习的激励越大。设t为时间,采用知识共享的“白帽子”比例的动态变化速度可用复制动态方程表示为

$$f(x)=\frac{\mathrm{d}x}{\mathrm{d}t}=x(U_{1Y}-\overline{U_1})=x(1-x)\{y\alpha_1\lambda\beta[(K_2\omega_2+K_1)(1+\gamma)-K_1]+[(K_1\omega_1+K_2)(1+\gamma)\alpha_2+K_1\alpha_1]\cdot\lambda\beta-C_1\}$$

同理,“白帽子”2的平均收益为$\overline{U_2}=yU_{2Y}+(1-y)U_{2N}$。

$$f(y)=\frac{\mathrm{d}y}{\mathrm{d}t}=y(U_{2Y}-\overline{U_2})=y(1-y)\{x\alpha_2\lambda\beta[(K_1\omega_1+K_2)(1+\gamma)-K_2]+[(K_2\omega_2+K_1)(1+\gamma)\alpha_1+K_2\alpha_2]\lambda\beta-C_2\}$$

求解复制动态方程的稳定策略必须先求出稳定点 x^* 和 y^*，而稳定点需满足 $f(x^*)=f(y^*)=0$，则

$$x^*=\frac{C_2-[(K_2\omega_2+K_1)(1+\gamma)\alpha_1+K_2\alpha_2]\lambda\beta}{\alpha_2\lambda\beta[(K_1\omega_1+K_2)(1+\gamma)-K_2]}$$

$$y^*=\frac{C_1-[(K_1\omega_1+K_2)(1+\gamma)\alpha_2+K_1\alpha_1]\lambda\beta}{\alpha_1\lambda\beta[(K_2\omega_2+K_1)(1+\gamma)-K_1]}$$

即得出了演化博弈的5个平衡点，分别是 $O(0,0)$，$A(0,1)$，$B(1,0)$，$C(1,1)$，$D(x^*,y^*)$。

7.3.2 平衡点稳定性分析

研究"白帽子"团队之间的知识共享演化系统的稳定性，可以利用雅可比矩阵的局部稳定性进行判定。对 $f(x)$ 和 $f(y)$ 分别关于 x 和 y 求偏导数得到雅可比矩阵，记作 $\boldsymbol{J}$：

$$\boldsymbol{J}=\begin{bmatrix}\frac{\partial f(x)}{\partial x} & \frac{\partial f(x)}{\partial y}\\ \frac{\partial f(y)}{\partial x} & \frac{\partial f(y)}{\partial y}\end{bmatrix}=\begin{bmatrix}a_{11} & a_{12}\\ a_{21} & a_{22}\end{bmatrix}$$

式中，$a_{11}=(1-2x)\{y\alpha_1\lambda\beta[(K_2\omega_2+K_1)(1+\gamma)-K_1]+[(K_1\omega_1+K_2)(1+\gamma)\alpha_2+K_1\alpha_1]\lambda\beta-C_1\}$；$a_{12}=x(1-x)\alpha_1\lambda\beta[(K_2\omega_2+K_1)(1+\gamma)-K_1]$；$a_{21}=y(1-y)\alpha_2\lambda\beta[(K_1\omega_1+K_2)(1+\gamma)-K_2]$；$a_{22}=(1-2y)\{x\alpha_2\lambda\beta[(K_1\omega_1+K_2)(1+\gamma)-K_2]+[(K_2\omega_2+K_1)(1+\gamma)\alpha_1+K_2\alpha_2]\lambda\beta-C_2\}$。

要想求解的复制动态方程的平衡点是局部稳定的，也就是要求演化稳定策略，则必须满足两个条件：

（1）$a_{11}+a_{22}<0$（迹条件，值记为 $\mathrm{tr}\boldsymbol{J}$）；

（2）$\begin{vmatrix}a_{11} & a_{12}\\ a_{21} & a_{22}\end{vmatrix}>0$（雅克比行列式条件，值记为 $\det\boldsymbol{J}$）。

在判定局部稳定性时，共有8种有效情况：① $x^*<0, y^*<0$；② $x^*<0, 0<y^*<1$；③ $x^*<0, y^*>1$；④ $0<x^*<1, y^*<0$；⑤ $0<x^*<1, 0<y^*<1$；⑥ $x^*>1, y^*<0$；⑦ $x^*>1, 0<y^*<1$；⑧ $x^*>1, y^*>1$。

8 种情况下平衡点的局部稳定性分析结果如表 7-2 至表 7-9 所示，系统演化动态相位图如图 7-1 所示。

表 7-2　情况①平衡点的局部稳定性

平衡点	tr$J$	det$J$	局部稳定性
(0,0)	+	+	不稳定点
(0,1)		−	鞍点
(1,0)		−	鞍点
(1,1)	−	+	稳定点

表 7-3　情况②平衡点的局部稳定性

平衡点	tr$J$	det$J$	局部稳定性
(0,0)		−	不稳定点
(0,1)		−	鞍点
(1,0)	+	+	鞍点
(1,1)	−	+	稳定点

表 7-4　情况③平衡点的局部稳定性

平衡点	tr$J$	det$J$	局部稳定性
(0,0)		−	鞍点
(0,1)	−	+	稳定点
(1,0)	+	+	不稳定点
(1,1)		−	鞍点

表 7-5　情况④平衡点的局部稳定性

平衡点	tr$J$	det$J$	局部稳定性
(0,0)		−	鞍点
(0,1)	+	+	不稳定点
(1,0)		−	鞍点
(1,1)	−	+	稳定点

表 7-6　情况⑤平衡点的局部稳定性

平衡点	tr$J$	det$J$	局部稳定性
(0,0)	−	+	稳定点
(0,1)	+	+	不稳定点
(1,0)	+	+	不稳定点
(1,1)	−	−	稳定点
(x^*, y^*)	0	+	鞍点

表 7-7　情况⑥平衡点的局部稳定性

平衡点	tr$J$	det$J$	局部稳定性
(0,0)		−	鞍点
(0,1)	+	+	不稳定点
(1,0)	−	+	稳定点
(1,1)		−	鞍点

表 7-8　情况⑦平衡点的局部稳定性

平衡点	tr$J$	det$J$	局部稳定性
(0,0)	−	+	稳定点
(0,1)	+	+	不稳定点
(1,0)		−	鞍点
(1,1)		−	鞍点

表 7-9　情况⑧平衡点的局部稳定性

平衡点	tr$J$	det$J$	局部稳定性
(0,0)	−	+	稳定点
(0,1)		−	鞍点
(1,0)		−	鞍点
(1,1)	+	+	不稳定点

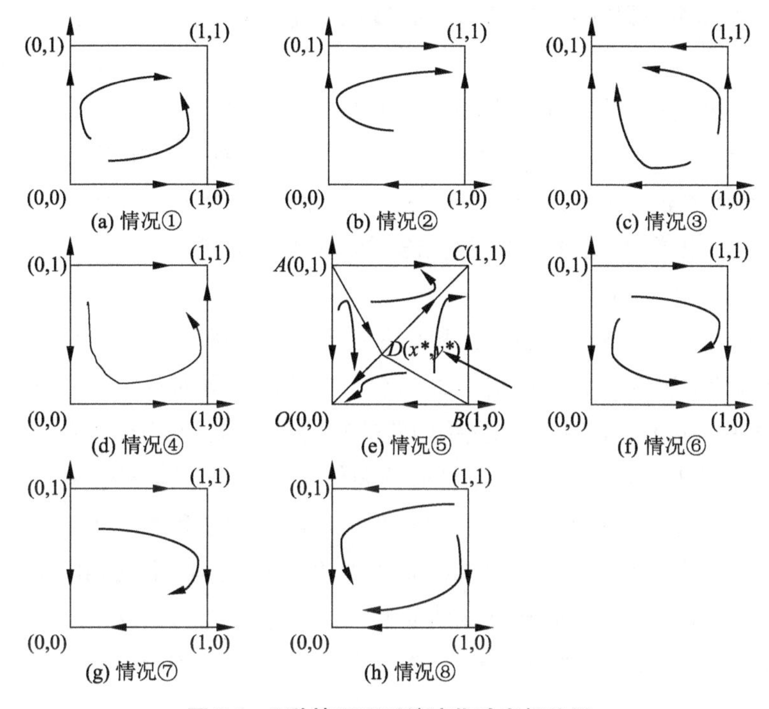

图 7-1　8 种情况下系统演化动态相位图

7.3.3　演化博弈结果分析

(1) 在情况①时,起始状态博弈双方“白帽子”都选择知识不共享策略,但是意识到共享之后会得到对方的网络安全漏洞知识、知识增值带来的额外收益和团队奖励,并且初始共享成本较低,因此稳定策略均为共享;情况②表示在“白帽子”1 率先选择知识共享策略后,“白帽子”2 为了获得团队奖励而选择进行知识共享,情况④与此相似;情况③表示“白帽子”1 率先进行知识共享,而“白帽子”2 没有进行知识共享,“白帽子”2 为了获得团队奖励而选择进行知识共享,而“白帽子”1 因为“白帽子”2 的“搭便车”行为以及共享成本的上升,而选择不进行知识共享,情况⑥与此相似。

(2) 在情况⑤时,在策略稳定点 $O(0,0)$ 和 $C(1,1)$ 实现了演化稳定策略,折线 ADB 表示知识共享演化博弈临界线,$AOBD$ 的面积越大表示“白帽子”选择不进行网络安全漏洞知识共享策略的概率越大,同样的 $ACBD$ 的面积越大表示“白帽子”进行网络安全漏洞知识共享的概率越大。落在 $ACBD$ 范围内的点最后会趋向{共享,共享},而落在 $AOBD$ 范围内的点最后会趋向{不共享,不共享}。因此,“白帽子”选择何种知识共享策略与点 D 的位置直接相关，演化博弈系统既可能是“共享”的演化稳定，也可能是“不共享”的演化稳定。

（3）在情况⑦中“白帽子”2进行知识共享，“白帽子”1则进行“搭便车”行为，随着共享成本的不断升高，“白帽子”2选择拒绝进行知识共享；在情况⑧中共享成本非常高，已经超过了“白帽子”网络安全漏洞知识共享收益总和，因此“白帽子”均选择不进行网络安全漏洞知识共享。

7.3.4 模型参数分析

（1）团队平均漏洞奖励率 λ 和获得团队奖励的概率 β。

在判断情况⑤的局部稳定性时，$D(x^*,y^*)$ 的位置对稳定策略的影响重大，团队平均漏洞奖励率 λ 和获得团队奖励的概率 β 虽然同时处于 x^* 和 y^* 的分子、分母中，但对临界点的取值起同向作用，这两个参数的值越大，“白帽子”选择策略集合{共享，共享}的概率越大。两者的乘积实际上表征了团队奖励从网络安全漏洞知识转化成物质奖励的比率。团队平均漏洞奖励率表示团队成员发现漏洞总值转化成物质奖励的比率，其值的大小直接影响“白帽子”团队获得团队奖励的最大值，为了提高“白帽子”进行网络安全漏洞知识共享的积极性，应对其取值进行合理安排。

获得团队奖励的概率表示“白帽子”团队在企业信息安全测试项目结束后能获得额外的团队奖励的概率。团队奖励并不是所有的“白帽子”团队都有，这是为了避免一些“白帽子”进行无意义的组队额外获取组织的物质奖励，原则上平台只对排名靠前的“白帽子”团队进行奖励，并且排名越靠前奖励的比率越大。为了提高“白帽子”团队的效率，形成良好的竞争环境，应该保持只对高绩效团队进行奖励的规定，但是可以适当地拓宽高绩效团队的名额，增加团队奖励的概率。

（2）“白帽子”固有网络安全漏洞知识量 K_i、信任度 ω_i 和网络安全漏洞知识增值率 γ。

这三个系数都存在于临界点 $D(x^*,y^*)$ 的分子、分母中，但是其对临界点的变化起同向作用，三个系数的数值越大，鞍点的坐标越靠近原点，“白帽子”选择{共享，共享}策略的概率越大。

“白帽子”固有网络安全漏洞知识量 K_i 是指“白帽子”掌握的与工业互联网安全相关的知识总量，其值越大说明“白帽子”的网络渗透能力越强。要想提高 K_i，有两个途径：一是提高现有“白帽子”的网络安全漏洞知识总量；二是吸收更多的人才加入工业互联网安全领域,随着人数的增加“白帽子”网络安全漏洞知识总量也会增加。当前我国工业网络安全人才缺口巨大,2020年我国网络安全人才缺口达140万人。因此,工业互联网平台可以组织“白帽子”定期进行自愿的学习活动,提高专业技能;国家和相关组织要制定相关政策和补贴,吸纳更多的工业互联网人才。

信任度 ω_i 是指参与网络安全漏洞知识共享博弈的“白帽子”在进入临时团队后对其他成员的信任程度。信任度越高则“白帽子”进行网络安全漏洞知识共享的意愿越强烈。网络安全漏洞知识共享量是指“白帽子”自愿共享的与工业互联网安全相关的知识量,可用 $\omega_i K_i$ 表示,其值的大小与进行共享的“白帽子”的个人共享意愿直接相关。因此,第三方漏洞共享平台要发掘与“白帽子”共享意愿有关的因素,加强“白帽子”间的快速信任,并且制定一定的奖惩机制保证网络安全漏洞知识共享量保持在一个较高的数值。

网络安全漏洞知识增值率是表征接受共享的网络安全漏洞知识的“白帽子”将接收的共享知识与自己固有知识进行整合,创造出新的网络安全漏洞知识的能力,即发生协同作用出现“1+1>2”的知识溢出效果。网络安全漏洞知识增值率是“白帽子”综合能力的一种体现,其数值越大,该“白帽子”就会产生越多的与工业互联网安全相关的新知识,其创新意识就越强。平台应该提供更多的培训和学习机会,增强“白帽子”的相关能力。

(3) 网络安全漏洞知识转化率 α_i 和漏洞平均收益 e。

网络安全漏洞知识漏洞转化率也在临界点的分子、分母中,对临界点的取值起同向作用,转化率越高,“白帽子”进行知识共享的概率越大。网络安全漏洞知识转化率表征的是“白帽子”对网络安全漏洞知识的运用能力,其值越大“白帽子”就能利用同样的网络安全漏洞知识发掘出更多的工业互联网安全漏洞,这也是“白帽子”个人能力的一种体现。网络安全漏洞知识转化是一种工程能力,这种能力直接影响平台的运作效率,也直接影响“白帽子”的收益,因此平台要多开展相关活动培训“白帽子”的该项能力,多鼓励“白帽子”参加漏洞众测活动。

漏洞平均收益是“白帽子”单独进行安全漏洞众测活动时的平均收益,漏洞平均收益并不能影响“白帽子”间的知识共享决策。在计算 x^* 和 y^* 的过程中,漏洞平均收益被消去了,在平衡点的位置表达式中并不存在。这说明要加强“白帽子”间知识共享,不用考虑个人的漏洞平均收益。

(4) 网络安全漏洞知识共享成本 C_i。

网络安全漏洞知识共享成本 C_i 在稳定点 x^* 和 y^* 的分子部分,共享成本越大,稳定点的值越大,"白帽子"选择知识共享策略的概率就越小。因此,要想促进第三方漏洞共享平台"白帽子"临时团队之间的知识共享,可以选择降低知识共享的成本。"白帽子"间网络安全漏洞知识共享成本主要包括网络安全漏洞知识共享的时间成本、人力成本等知识传播成本,以及机会成本。知识传播成本可以通过促进"白帽子"之间的沟通来减少,机会成本就要实施一定的激励政策,对"白帽子"进行知识共享产生的机会成本进行补贴,同时也可以减少"搭便车"现象的出现。

7.3.5 算例分析

通过演化博弈模型可以看出系统可达到的演化均衡的状态,但是对于模型的演化过程则不得而知。因此,本书利用 Spyder(Python 3.7)软件对"白帽子"临时团队内知识共享的演化博弈模型进行仿真。根据各参数的取值范围,初始值的选取如下:$C_1=1.8$,$C_2=2.0$,$k_1=4$,$k_2=5$,$K_1=15$,$K_2=14$,$\alpha_1=0.2$,$\alpha_2=0.3$,$\gamma=0.5$,$\lambda=0.52$,$\beta=0.3$,并且将模拟周期设置为 100。

(1) "白帽子"选择网络安全漏洞知识共享的初始概率对演化结果的影响。x_0 和 y_0 分别代表"白帽子"1 和"白帽子"2 选择共享策略的初始概率。由图 7-2 可以看出,"白帽子"1 选择网络安全漏洞知识共享策略的概率 X 的收敛趋势和收敛速度不仅与自身初始选择网络安全漏洞知识共享策略的概率 x_0 有关,而且受到"白帽子"2 初始选择网络安全漏洞知识共享策略概率 y_0 的影响。即 x_0 越大,y_0 越大,"白帽子"1 在演化博弈中选择网络安全漏洞知识共享策略的概率越大,速度越快。同理,"白帽子"2 的仿真结果与"白帽子"1 类似。

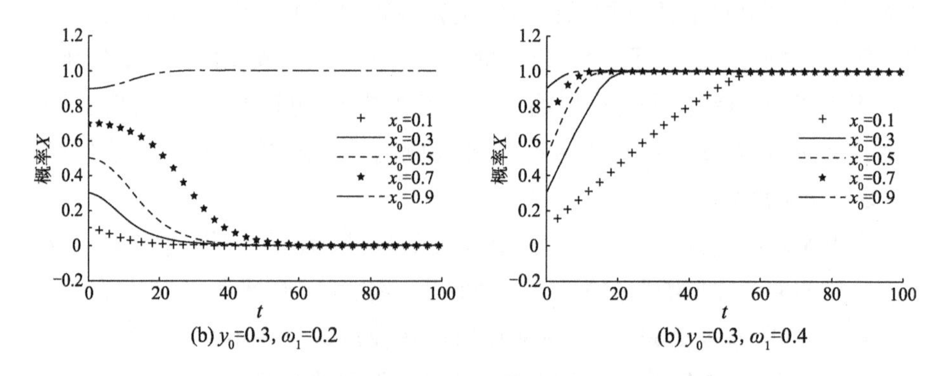

图 7-2 共享策略的不同初始概率对演化结果的影响

（2）信任度 ω_i 对“白帽子”网络安全漏洞知识共享策略演化结果的影响。以 $y_0=0.3$ 为前提，ω_i 分别赋值为 0.2 和 0.4。由图 7-3 可以看出，随着信任度的增加，“白帽子”1 的网络安全漏洞知识共享策略从“不共享”变为“共享”，表明“白帽子”1 对临时团队中其他成员的信任度越高，其网络安全漏洞知识共享意愿越强烈。相应地，“白帽子”2 也有类似的结论。

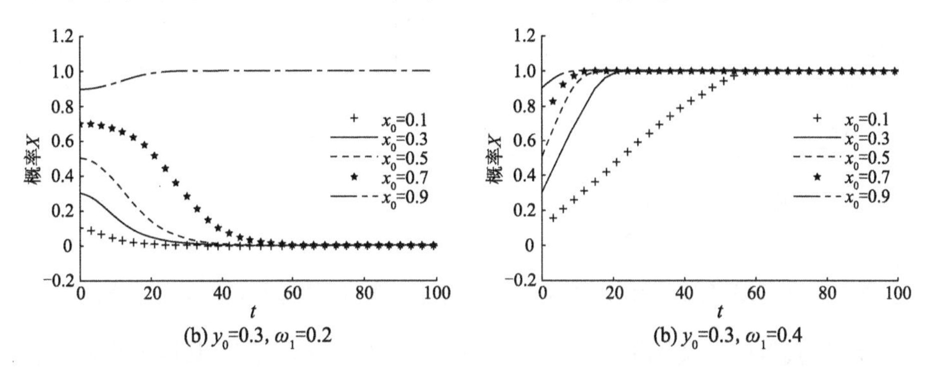

图 7-3　信任度 ω_i 对“白帽子”网络安全漏洞知识共享策略演化结果的影响

（3）网络安全漏洞知识增值率对“白帽子”网络安全漏洞知识共享策略演化结果的影响。在 $y_0=0.3$ 的情况下，γ 分别取 0.3 和 0.7。由图 7-4 可以看出，随着 γ 值的增大，“白帽子”1 的网络安全漏洞知识共享稳定策略从收敛于“不共享”到收敛于“共享”，并且随着初始选择网络安全漏洞知识共享策略的概率 x_0 的增大而增大。同样的，网络安全漏洞知识增值率对“白帽子”2 的影响与之类似。

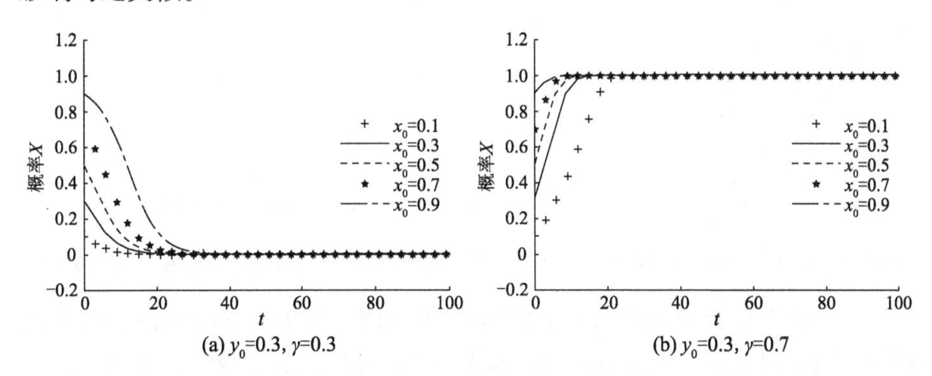

图 7-4　网络安全漏洞知识增值率对“白帽子”网络安全漏洞知识共享策略演化结果的影响

（4）团队漏洞奖励率对“白帽子”网络安全漏洞知识共享策略演化结果的影响。同样在 $y_0=0.3$ 的情况下，λ 分别取 0.4 和 0.6。由图 7-5 可以看出，

“白帽子”1 的网络安全漏洞知识共享稳定策略在 λ 的取值较小时，收敛于“不共享”，随着 λ 取值的增大，稳定策略收敛于“共享”。类似地，“白帽子”2 有相似的结论。

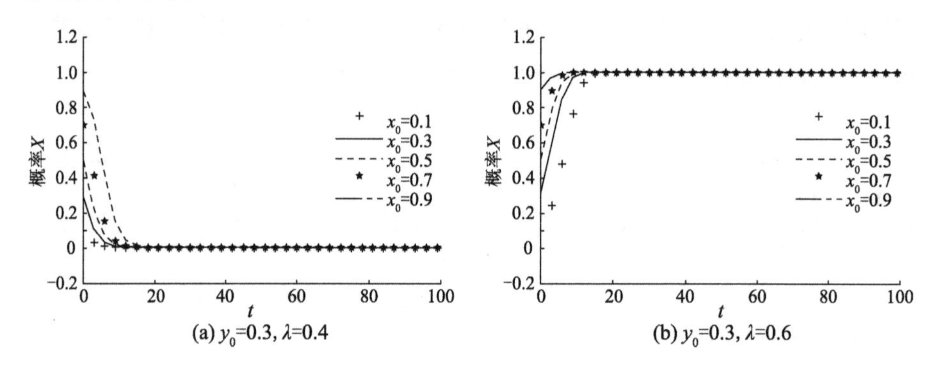

图 7-5　团队漏洞奖励率对“白帽子”网络安全漏洞知识共享策略演化结果的影响

（5）获得团队奖励的概率对“白帽子”网络安全漏洞知识共享策略演化结果的影响。在 $y_0=0.3$ 的前提下，β 分别取 0.28 和 0.32。由图 7-6 可以看出，当“白帽子”1 获得团队奖励的概率较小时，其倾向于选择“不共享”策略；随着 β 值的增大，“白帽子”1 的网络安全漏洞知识共享策略演化结果收敛于“共享”。“白帽子”2 的网络安全漏洞知识共享策略演化结果与此类似。

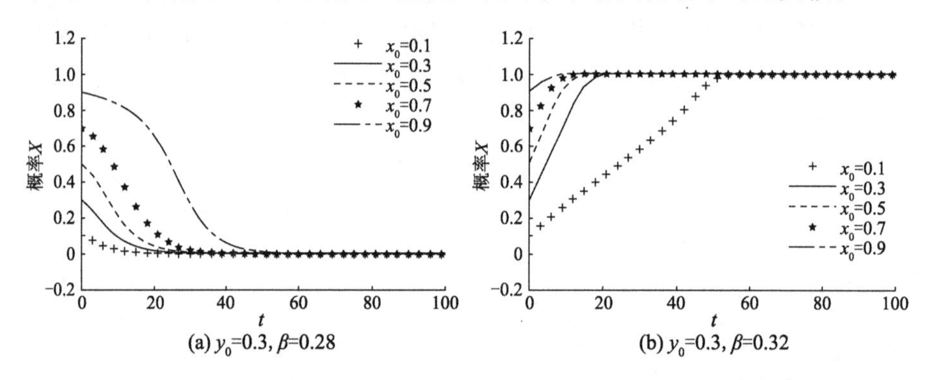

图 7-6　获得团队奖励的概率对“白帽子”网络安全漏洞知识共享策略演化结果的影响

（6）网络安全漏洞知识共享成本对“白帽子”知识共享策略演化结果的影响。同样以 $y_0=0.3$ 为前提，对“白帽子”1 的网络安全漏洞知识共享成本 C_1 进行取值。由图 7-7 可以看出，当 $C_1=1.5$ 时，x_0 在不同取值情况下，“白帽子”1 选择网络安全漏洞知识共享策略的概率 X 均收敛于 1，也即其稳定策略是“共享”；当 $C_1=2.1$ 时，X 收敛于 1，表示当“白帽子”1 的共享成本超过漏洞知识共享的收益时,其网络安全漏洞知识共享稳定策略变为“不共享”。

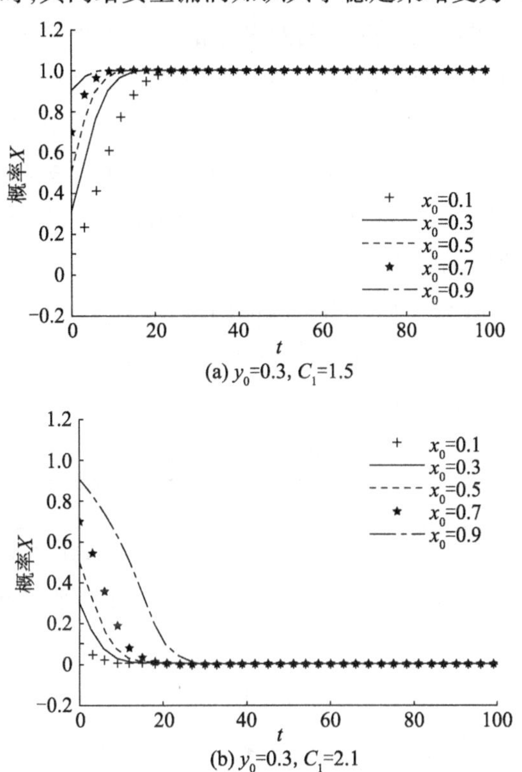

图7-7 网络安全漏洞知识共享成本对“白帽子”网络安全漏洞知识共享策略演化结果的影响

7.4 工业厂商合作开发漏洞补丁的博弈模型构建

由于使用相同或相似工控系统的工业生产企业的规模和实力不同,在发现漏洞以后,对漏洞的修补能力也各不相同,其下属的网络安全团队在网络安全漏洞知识的质量和存量上存在知识势差,所以厂商之间可以互相交换漏洞补丁的开发进度并共享相关网络安全漏洞知识,厂商之间的策略集合均为{独立开发,合作开发}。设K_A和K_B分别为厂商A和B消耗时间、资金获得的安全补丁进度性成果,μ_i为工业厂商对共享漏洞补丁厂商安全信息的吸收率;在漏洞共享过程中,网络安全漏洞知识不会因为共享而发生折旧,反而会产生知识溢出效应,本书设τ为补丁开发信息共享带来的溢出效应;C_A和C_B

分别为厂商A和B在漏洞补丁开发过程中消耗的成本，主要由人力成本、时间成本和管理成本等组成。安全漏洞带来的主要损失来自于黑客等不法分子的攻击和利用，而且在漏洞细节公布前后黑客成功入侵企业工控系统的概率相差很大，所以要分开描述。第三方漏洞共享平台会在漏洞发现后通报给相关厂商，并会留有一定的时间给厂商去开发漏洞补丁并将其上传到安全平台上，时间一般是30天，在特殊情况下可以申请延长完全披露时间。本书设黑客成功入侵造成的最大损失为 D_i，在第三方漏洞共享平台公布漏洞细节之前黑客入侵成功的概率为 ρ，ρ 的取值范围为(0,1)，漏洞完全披露后黑客的攻击能力提高倍数为 ψ，$\psi>1$；黑客在漏洞完全披露之前发起进攻的概率为 ξ；工业厂商"搭便车"行为造成的潜在损失为 P。模型参设假设如表7-10所示。

表7-10　模型参数假设

符号	含义
K_j	表示厂商消耗时间和资金获得的安全补丁进度性成果，$K_j>0$
μ_i	工业厂商对漏洞补丁共享厂商安全信息的吸收率，$0\leqslant\mu_i\leqslant1$
τ	补丁开发信息共享带来的溢出效应，$0\leqslant\tau\leqslant1$
C_j	厂商在漏洞补丁开发过程中消耗的成本，$C_j\geqslant0$
C_0	厂商共享漏洞补丁产生的共享成本，$C_0\geqslant0$
D_i	黑客成功入侵造成的最大损失，$D_i>0$
ρ	平台公布漏洞细节前黑客入侵成功的概率，$0\leqslant\rho\leqslant1$
ψ	漏洞完全披露后黑客的攻击能力提高倍数，$\psi>1$
ξ	黑客在漏洞完全披露之前发起进攻的概率，$\xi>0$
P	工业厂商"搭便车"行为造成的潜在损失，$P>0$

根据以上描述，工业厂商采用不同策略得到的博弈收益如下：

(1) 当工业厂商A和B均采用策略{独立开发，独立开发}时，厂商之间没有发生合作，各自完成相关漏洞的开发，此时的收益为独立开发带来的阶段性成果，成本由开发成本和黑客攻击带来的潜在损失组成，故此策略集合的总收益为$\{K_A-C_A-\xi D_A\rho-D_A\rho\psi(1-\xi),K_B-C_B-\xi D_B\rho-D_B\rho\psi(1-\xi)\}$。

(2) 当参与博弈的厂商只有一方选择合作开发策略，如工业厂商A选择独立开发策略，而厂商B选择合作开发策略。选择合作开发策略的厂商B只能获得自己的开发阶段成果，而且还要多支付已开发漏洞的共享成本 C_0，其

总收益为 $K_B-C_B-C_0-\xi D_B\rho-(1-\xi)D_B\rho\psi$；相应地，厂商A选择“搭便车”，在获得了厂商B的漏洞开发成果后并没有将其漏洞开发结果共享，节省了共享成本，但不会获得漏洞知识的溢出效应，并且会失去与采取合作开发策略厂商的后续合作，造成未来损失，此时厂商A的总收益为 $\mu_A K_B+K_A-C_A-\xi D_A\rho-P-D_A\rho\psi(1-\xi)$。反之，如果厂商A选择合作开发策略，而厂商B选择独立开发策略，则此时厂商A的总收益为 $K_A-C_A-C_0-\xi D_A\rho-(1-\xi)D_A\rho\psi$，厂商B的总收益为 $\mu_B K_A+K_B-C_B-\xi D_B\rho-P-D_B\rho\psi(1-\xi)$。

(3)若博弈双方均采用合作开发策略，则双方都会得到彼此的阶段性漏洞开发成果，同时也会产生一定的共享成本。在两者合作的情况下，会大大缩短漏洞开发的时间，厂商几乎不可能在漏洞完全披露之后才开发出漏洞补丁(时间充裕，并且可以在必要的时候申请延期)，因此黑客成功入侵的概率会明显降低，造成的损失也只有 $D_A\rho$ 或者 $D_B\rho$，此时双方的总收益为 $\{(\mu_A K_B+K_A)(1+\tau)-C_A-D_A\rho,(\mu_B K_A+K_B)(1+\tau)-C_B-D_B\rho\}$。

基于上述定义，创建工业厂商修复漏洞博弈的收益矩阵如表7-11所示。

表7-11　工业厂商修复漏洞博弈的收益矩阵

厂商B 厂商A	合作开发	独立开发
合作开发	$(\mu_A K_B+K_A)(1+\tau)-C_A-D_A\rho$； $(\mu_B K_A+K_B)(1+\tau)-C_B-D_B\rho$	$K_A-C_A-C_0-\xi D_A\rho-(1-\xi)D_A\rho\psi$； $\mu_B K_A+K_B-C_B-\xi D_B\rho-P-D_B\rho\psi(1-\xi)$
独立开发	$\mu_A K_B+K_A-C_A-\xi D_A\rho-P-D_A\rho\psi(1-\xi)$； $K_B-C_B-C_0-\xi D_B\rho-(1-\xi)D_B\rho\psi$	$K_A-C_A-\xi D_A\rho-D_A\rho\psi(1-\xi)$； $K_B-C_B-\xi D_B\rho-D_B\rho\psi(1-\xi)$

7.5　工业厂商合作开发漏洞补丁的博弈模型分析

7.5.1　演化平衡点分析

假设厂商A选择合作开发的概率为 x，则选择独立开发的概率为 $1-x$；厂商B选择合作开发的概率为 y，则选择独立开发的概率为 $1-y(0\leqslant x,y\leqslant 1)$。厂商A在选择合作开发和独立开发时，对应的期望收益分别为

$U_{AY}=(1-y)\cdot[K_A-C_A-C_0-\xi D_A\rho-(1-\xi)D_A\rho\psi]+y[(\mu_A K_B+K_A)(1+\tau)-C_0-C_A-D_A\rho]$

$U_{AN}=y[(\mu_A K_B+K_A)-C_A-\xi D_A\rho-P-D_A\rho\psi(1-\xi)]+(1-y)\cdot[K_A-C_A-\xi D_A\rho-D_A\rho\psi(1-\xi)]$

则厂商 A 的平均收益为 $\overline{U_A}=xU_{AY}+(1-x)U_{AN}$。

根据演化博弈理论，工业厂商策略改变的过程是一个学习过程，其学习速度与当前选择合作开发漏洞补丁厂商的数量、比例以及合作策略带来的收益有关，博弈中选择合作开发的厂商数量越多，比例越大，收益越高，则工业厂商选择合作开发的动机越强烈。设 t 为时间，则参与漏洞开发博弈厂商的比例变化速度可用复制动态方程描述，即

$$f(x)=\frac{dx}{dt}=x(U_{AY}-\overline{U_A})=x(1-x)\{y[(\mu_A K_B+K_A)\tau+(1-\xi)(\psi-1)D_A\rho+P]-C_0\}$$

同理，厂商 B 的平均收益为 $\overline{U_B}=yU_{BY}+(1-y)U_{BN}$。

$$f(y)=\frac{dy}{dt}=y(U_{BY}-\overline{U_B})=y(1-y)\{x[(\mu_B K_A+K_B)\tau+(1-\xi)(\psi-1)D_B\rho+P]-C_0\}$$

求解复制动态方程的稳定策略必须先求出稳定点 x^* 和 y^*，而稳定点需满足 $f(x^*)=f(y^*)=0$，则

$$x^*=\frac{C_0}{(\mu_B K_A+K_B)\tau+(1-\xi)(\psi-1)D_B\rho+P}$$

$$y^*=\frac{C_0}{(\mu_A K_B+K_A)\tau+(1-\xi)(\psi-1)D_A\rho+P}$$

即得出了演化博弈的 5 个平衡点，分别是 $O(0,0)$，$A(0,1)$，$B(1,0)$，$C(1,1)$，$D(x^*,y^*)$。

7.5.2 平衡点稳定性分析

研究工业厂商合作开发漏洞补丁策略平衡点的稳定性，可以利用雅可比矩阵的局部稳定性来判断。对 $f(x)$ 和 $f(y)$ 分别关于 x 和 y 求偏导数得到雅可比矩阵，记作 $\boldsymbol{I}$：

$$\boldsymbol{I}=\begin{bmatrix}\frac{\partial f(x)}{\partial x} & \frac{\partial f(x)}{\partial y}\\ \frac{\partial f(y)}{\partial x} & \frac{\partial f(y)}{\partial y}\end{bmatrix}=\begin{bmatrix}b_{11} & b_{12}\\ b_{21} & b_{22}\end{bmatrix}$$

式中，$b_{11}=(1-2x)\{y[(\mu_A K_B+K_A)\tau+(1-\xi)(\psi-1)D_A\rho+P]-C_0\}$；$b_{12}=x(1-x)[(\mu_A K_B+K_A)\tau+(1-\xi)(\psi-1)D_A\rho+P]$；$b_{21}=y(1-y)[(\mu_B K_A+K_B)\tau+(1-\xi)(\psi-$

$1)D_B\rho+P]$；$b_{22}=(1-2y)\{x[(\mu_B K_A+K_B)\tau+(1-\xi)(\psi-1)D_B\rho+P]-C_0\}$。

要想求解的复制动态方程的平衡点是局部稳定的，也就是要求演化稳定策略，则必须满足两个条件：

（1）$\begin{vmatrix} b_{11} & b_{12} \\ b_{21} & b_{22} \end{vmatrix}>0$ （记作 $\det \boldsymbol{I}$）；

（2）$tr\mathrm{I}<0$（记作 $tr\boldsymbol{I}$）。

在判定局部稳定性时，共有 4 种有效情况：① $0<x^*<1,0<y^*<1$；② $0<x^*<1,y^*>1$；③ $x^*>1,0<y^*<1$；④ $x^*>1,y^*>1$。

4 种情况下局部稳定性分析结果如表 7-12 至表 7-15 所示。

表 7-12　情况①平衡点的局部稳定性

平衡点	$\mathrm{tr}\boldsymbol{I}$	$\det\boldsymbol{I}$	局部稳定性
(0,0)	−	+	稳定点
(0,1)	+	+	不稳定点
(1,0)	+	+	不稳定点
(1,1)	−	+	稳定点
(x^*,y^*)	0	+	鞍点

表 7-13　情况②平衡点的局部稳定性

平衡点	$\mathrm{tr}\boldsymbol{I}$	$\det\boldsymbol{I}$	局部稳定性
(0,0)	−	+	稳定点
(0,1)	+	+	不稳定点
(1,0)	+	−	鞍点
(1,1)		−	鞍点

表 7-14　情况③平衡点的局部稳定性

平衡点	$\mathrm{tr}\boldsymbol{I}$	$\det\boldsymbol{I}$	局部稳定性
(0,0)	−	+	稳定点
(0,1)	+	−	鞍点
(1,0)	+	+	不稳定点
(1,1)		−	鞍点

表 7-15 情况④平衡点的局部稳定性

平衡点	tr*I*	det*I*	局部稳定性
(0,0)	-	+	稳定点
(0,1)	+	-	鞍点
(1,0)	+	-	鞍点
(1,1)	+	+	不稳定点

4 种情况下系统演化动态相位图如图 7-8 所示。

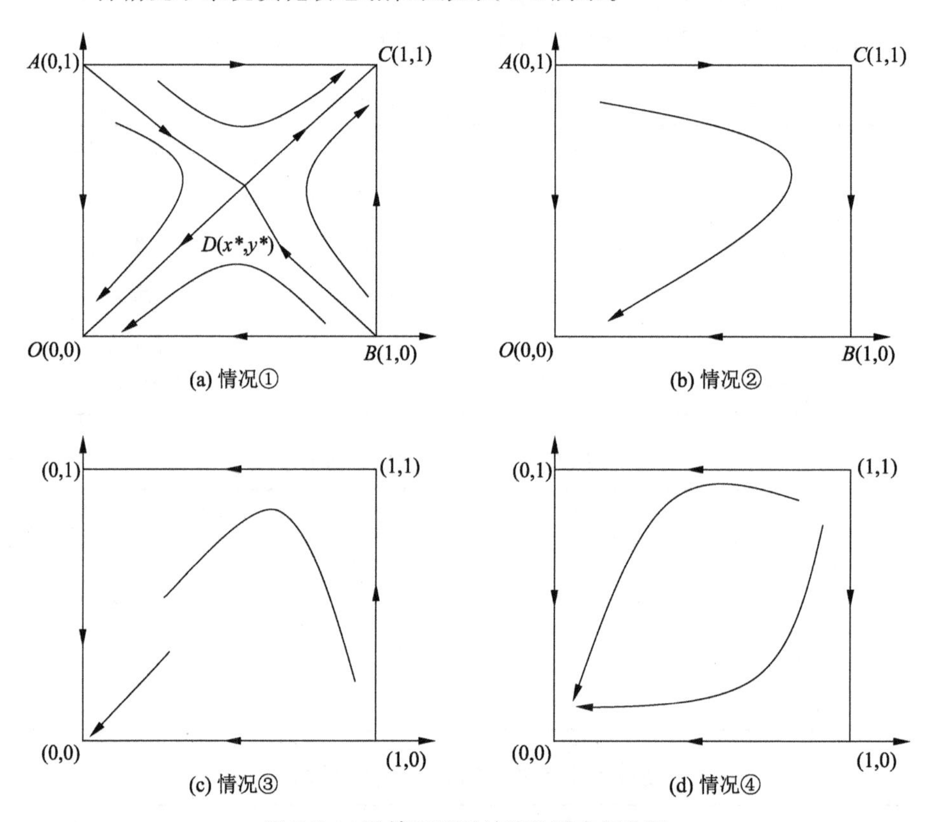

图 7-8 4 种情况下系统演化动态相位图

7.5.3 演化博弈结果分析

(1) 情况①，$0<x^*<1$，$0<y^*<1$，代表选择合作开发漏洞补丁策略的厂商的协同收益大于共享补丁开发进度的成本，此时复制动态方程有 5 个优解，分别是(0,0)，(0,1)，(1,0)，(1,1)，(x^*,y^*)，通过雅各比矩阵的特点判断 5 个平衡点的稳定性，然后画出对应的相位图。其中，折线 *ADB* 是演化博弈的

临界线，当 $AOBD$ 的面积增大时，表示工业厂商在博弈过程中更加倾向于独立开发的稳定策略，相应地，如果 $ADBC$ 的面积增大，那么代表厂商更加倾向于在开发漏洞补丁的过程中趋向于合作开发。如果工业厂商的策略落在 $AOBD$ 区域里，随着时间的推进，该工业厂商会选择独立开发。此时的现实意义是，厂商 A 选择合作开发漏洞补丁，并将自己的开发成果共享出去，厂商 B 初始选择独立开发，但是此时共享收益是大于共享成本的，厂商 B 可以选择接下来合作开发或者继续独立开发：若选择合作开发，则稳定策略趋向于{合作开发，合作开发}；反之，策略集合趋向于{独立开发，独立开发}。

(2) 情况②，$0<x^*<1$，$y^*>1$，代表选择合作开发漏洞补丁策略的厂商 A 的协同收益大于共享阶段性成果产生的成本，而厂商 B 的合作开发协同收益则小于共享成果产生的成本。此时复制动态方程有 4 个优解，分别是(0,0)，(0,1)，(1,0)，(1,1)，通过雅各比矩阵的特点判断平衡点的稳定性，然后得出图 7-8 所示的相位图。此时的现实意义是，工业厂商 A 选择独立开发漏洞补丁，而厂商 B 则寻求合作开发，由于此时厂商 B 的合作开发协同收益是小于共享成本的，而且厂商 A 的“搭便车”行为也会使得厂商 B 放弃合作开发策略，单独进行漏洞补丁的开发。

(3) 情况③与情况②相对，$x^*>1$，$0<y^*<1$，代表厂商 B 的共享开发协同收益大于所付出的分享成本，而厂商 A 的状况相反。厂商 B 选择合作开发策略以获得更多收益，厂商 A 则为了节省成本选择独立开发，并且接受 B 的阶段性开发成果，以争取自身利益最大化。厂商 A 的“搭便车”行为使厂商 B 放弃合作开发战略，也选择独立开发战略，使得演化博弈策略稳定在{独立开发，独立开发}。

(4) 情况④，$x^*>1$，$y^*>1$，代表厂商 A 和厂商 B 的合作开发协同收益均小于共享开发成果带来的成本，此时有 4 个平衡点，其中(0,0)为演化稳定策略，(1,1)是不稳定点，(0,1)和(1,0)是鞍点。其表示的实际意义是，在最开始时厂商 A 和厂商 B 的合作开发收益大于成本，故博弈策略集合是{合作开发，合作开发}，但是慢慢地共享成本大于共享的协同收益，于是策略集合慢慢地转移到{独立开发，独立开发}，并保持稳定。

7.5.4　模型参数分析

(1) 厂商对共享补丁的吸收率 μ_i、安全补丁 K_i 和漏洞补丁溢出率 τ。

在判断情况①平衡点的局部稳定性时，$D(x^*, y^*)$ 的位置是影响稳定策略的关键因素,厂商对共享补丁的吸收率μ_i、安全补丁K_i和漏洞补丁溢出率τ位于x^*和y^*的分子部分,这3个参数的值越大,表示工业厂商选择合作开发策略的概率越大。$(\mu_B K_A+K_B)\tau$和$(\mu_A K_B+K_A)\tau$分别表示工业厂商B和厂商A在获取共享的漏洞补丁后的溢出性效果,其数值越大表示溢出效应越明显,漏洞补丁在共享过程中会产生溢出效应的原因是漏洞补丁及其开发活动都是知识加工过程,而知识在交流或共享过程中会出现典型的溢出效应。

工业厂商在共享漏洞补丁开发过程中的阶段性成果时,漏洞补丁溢出率τ的大小直接影响漏洞补丁共享后的新补丁溢出效果,溢出率的大小是工业厂商网络安全团队及其成员业务能力强弱的重要指标,若工业厂商接受一定量的共享补丁后能产出更多新的补丁,则说明该工业厂商的网络安全团队的创新能力强。

(2) 完全披露前黑客发起进攻的概率ξ及入侵成功的概率ρ、完全披露后黑客攻击能力提升倍数ψ和黑客入侵成功造成的损失D_i。

这4个系数都在临界点$D(x^*,y^*)$的分母部分,其中完全披露前黑客发起进攻的概率ξ的变化与其他3个参数的变化对临界点的变化起相反作用。若披露前黑客发起进攻的概率越大,则鞍点越远离原点,也即工业厂商选择{独立开发,独立开发}策略集合的概率越大;相对地,完全披露前黑客入侵成功的概率ρ、完全披露后黑客攻击能力提升倍数ψ和黑客入侵成功造成的损失D_i对临界点的变化起同向作用,这三者的值越大则鞍点越靠近原点,这意味着工业厂商更倾向于选择{合作开发,合作开发}的策略集合。

黑客入侵成功造成的损失D_i是指黑客通过使用各种黑客工具对工业互联网的数据进行篡改、盗取或者加密等相关活动给企业的正常运营造成的破坏导致的损失,一般指造成的最大损失。黑客入侵造成的损失一般与工业互联网所在领域和相关企业的规模和业务量有关。

完全披露前黑客发起进攻的概率ξ是指工业互联网平台在披露漏洞细节之前黑客尝试对工业互联网发起进攻的概率,基于我国工业互联网平台的运营模式,网络漏洞披露平台会在通知厂商一段时间后对漏洞细节完全披露。完全披露前后对工业网络发起进攻的难易程度明显不同,所以会导致黑客选择进攻时间的概率有所不同。

完全披露前后黑客入侵成功的概率也会有明显的不同。若完全披露周期比较短,则会导致工业厂商不能及时开发出补丁,会吸引黑客在了解漏洞细节后有目的地对工业网络发起进攻，因此要建立一个科学的完全披露周期。

完全披露后黑客攻击能力提升倍数 ψ 是表征在完全披露漏洞细节后黑客攻击工业网络能力提高程度的参数。完全披露的漏洞信息越详细，黑客攻击能力的提升越明显。另外，黑客攻击能力提升倍数也与黑客本身的攻击能力有关，不同水平的黑客得到同样的漏洞细节后攻击能力的提升也不相同。

4 个参数的乘积 $(1-\xi)(\psi-1)D_i\rho$ 的现实意义是漏洞信息完全披露后黑客对工业互联网造成的损失相比较完全披露之前损失的增加量。

(3) 厂商"搭便车"行为造成的潜在损失 P 和厂商选择合作开发策略产生的成本 C_0。

这两个参数分别位于临界点的分母和分子部分，对临界点的取值起到相反的作用。厂商"搭便车"行为造成的潜在损失越大，临界点就越靠近原点，参与合作开发的工业厂商就更倾向于选择保持合作开发策略为稳定策略；厂商选择合作开发产生的成本越大，临界点就越远离原点，参与合作开发的工业厂商就会在博弈过程中选择独自开发作为各自的稳定策略。

厂商"搭便车"行为造成的潜在损失是指工业厂商在接受其他厂商共享的漏洞补丁的同时却不把自己开发的漏洞补丁相关信息共享出去，其他厂商发现后会选择停止共享与漏洞补丁开发有关的信息，甚至会拒绝同该厂商进行除漏洞开发外的其他方面的合作。因此，企业双方在合作过程中应尽量避免出现"搭便车"行为。

7.5.5　算例分析

通过演化博弈动态相位图可以看出博弈系统可达到何种演化均衡的状态，但是却无法看出模型的具体演化过程。因此，本书利用 Spyder(Python 3.7)软件对工业厂商开发漏洞补丁的合作博弈演化进行仿真，综合各参数的取值范围，将初始值设置如下：$K_A=15$，$K_B=12$，$P=4$，$C_0=10$，$D_A=100$，$D_B=80$，$\mu_A=0.3$，$\mu_B=0.4$，$\xi=0.3$，$\psi=3$，$\tau=0.2$，$\rho=0.05$，模拟周期设置为 1。

(1) 厂商选择合作开发漏洞补丁的初始概率对演化均衡的影响。x_0 和 y_0 分别代表工业厂商 A 和工业厂商 B 选择"合作开发"策略的初始概率。由图 7-9 可以看出，在 y_0 一定的情况下，x_0 取较小的数值时，"合作开发"策略的概率曲线收敛于 0，但是随着 x_0 的进一步增加，慢慢收敛于 1；在 x_0 相等，y_0 选取较大的值时，概率 X 收敛于 1 的速度更快。所以，工业厂商 A 的漏洞开发策略演化趋势与速度不仅和自身初始选择"合作开发"策略的概率 x_0 有关，而且受到工业厂商B的初始漏洞开发策略概率 y_0 的影响。同理，厂商B的仿真结果与厂商A类似。

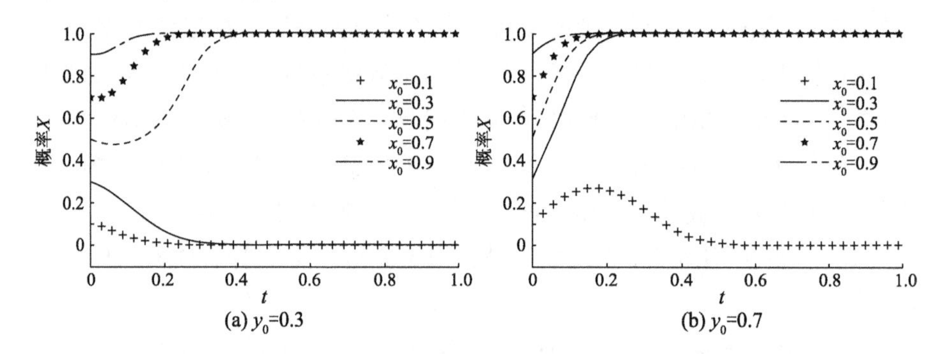

图 7-9　合作开发策略的不同初始概率对演化结果的影响

（2）漏洞完全披露前黑客入侵成功的概率 ρ 对厂商补丁开发策略的影响。首先取 $y_0=0.3$，因为漏洞完全披露之前黑客入侵成功的概率很小，一般不会超过10%，所以对 ρ 分别赋值0.01和0.1。由图7-10可以看出，随着 ρ 的增加，厂商A的合作开发策略从"不共享"变为"共享"。另外，从变化的灵敏度也可以看出，完全披露前黑客入侵成功的概率稍微增大都会促使工业厂商选择合作开发补丁，以防御黑客的攻击。相应地，工业厂商B也有类似的结论。

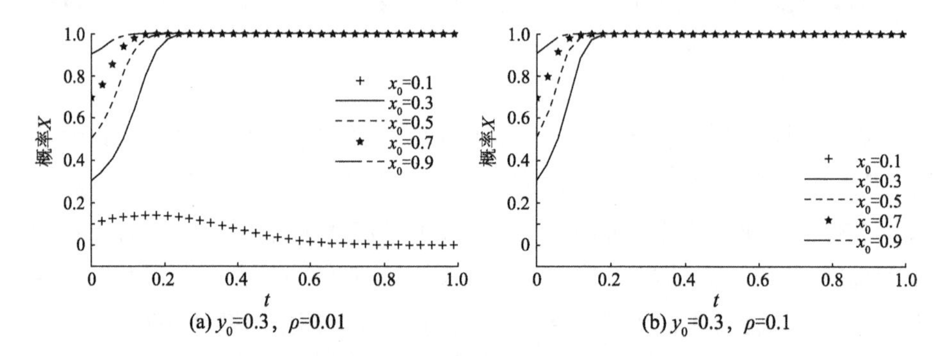

图 7-10　漏洞完全披露前黑客入侵成功的概率对演化结果的影响

（3）合作开发补丁溢出率对工业厂商选择补丁开发策略的影响。在 $y_0=0.3$ 的情况下，τ 分别取0.25和2.5。由图7-11可以看出，随着 τ 值的增大，厂商A选择"合作开发"策略的概率 X 从收敛于0变成收敛于1，并且随着厂商A选择"合作开发"策略的初始概率 x_0 的增大而增大。这表示厂商A的漏洞开发博弈策略随着漏洞补丁溢出率的增大从"独立开发"变成"合作开发"，并且“合作开发”策略的初始概率越大，厂商 A 就更快地选择“合作开发”作为博弈稳定策略。合作开发补丁溢出率对厂商 B 的影响与之类似。

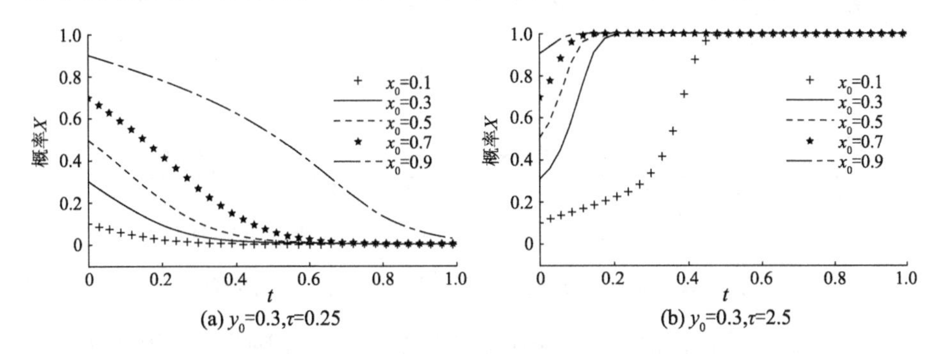

图 7-11　合作开发的补丁溢出率对演化结果的影响

（4）完全披露后黑客攻击力提高倍数 ψ 对厂商补丁开发策略的影响。同样，在 $y_0=0.3$ 的情况下，ψ 分别取 5 和 20。由图 7-12 可以看出，工业厂商 A 的漏洞补丁开发策略在 ψ 的取值较小时，收敛于“独立开发”，随着 ψ 的增大，稳定策略收敛于“合作开发”。类似地，厂商 B 有相似的结论。

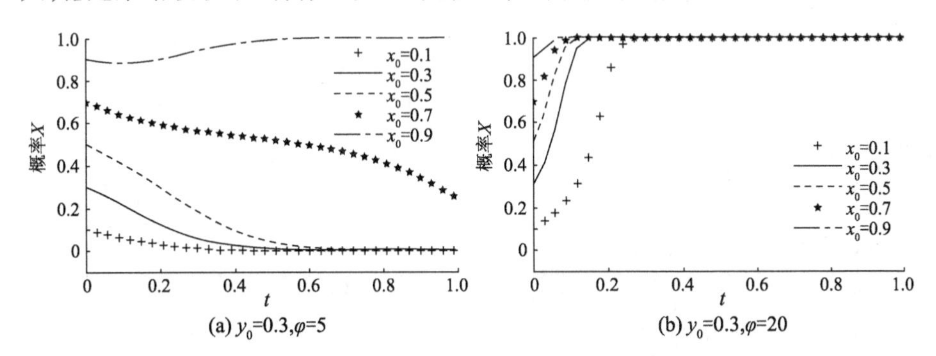

图 7-12　完全披露后黑客攻击力提高倍数对演化结果的影响

（5）黑客入侵成功造成的损失 D_i 对厂商补丁开发策略演化结果的影响。在 $y_0=0.3$ 的前提下，D_B 分别取 70 和 150。由图 7-13 可以看出，当黑客入侵成功对厂商 B 造成的损失较少时，工业厂商 B 更倾向于选择“独立开发”作为稳定策略；随着 D_B 值的增大，工业厂商 B 的漏洞补丁开发策略演化结果收敛于“合作开发”策略。厂商 A 的漏洞补丁开发策略稳定结果与此类似。

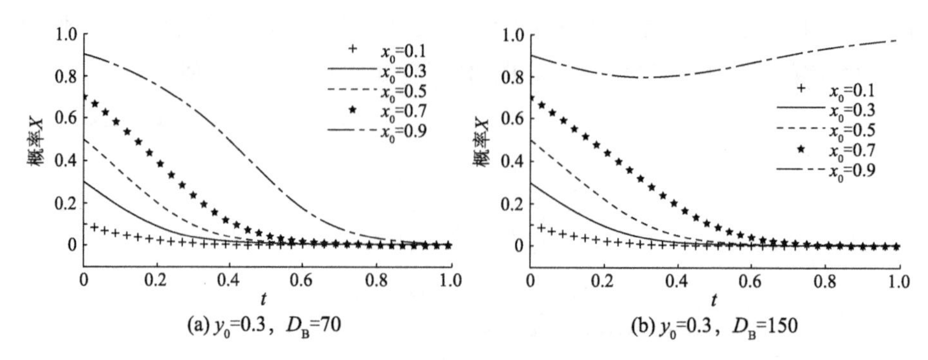

图 7-13　黑客入侵成功造成的损失对演化结果的影响

（6）工业厂商“搭便车”行为造成的潜在损失 P 对补丁开发策略演化结果的影响。同样，以 $y_0=0.3$ 为前提，对工业厂商 A 的网络安全漏洞知识共享成本 P 进行取值。由图 7-14 可以看出，当 $P=15$ 时，x_0 在不同取值情况下，厂商 A 选择合作开发策略的概率 X 一部分收敛于 1，另一部分收敛于 0；当 $P=65$ 时，X 均收敛于 1，表示工业厂商“搭便车”行为造成的损失过大时，会导致工业厂商漏洞补丁开发策略稳定为合作开发。

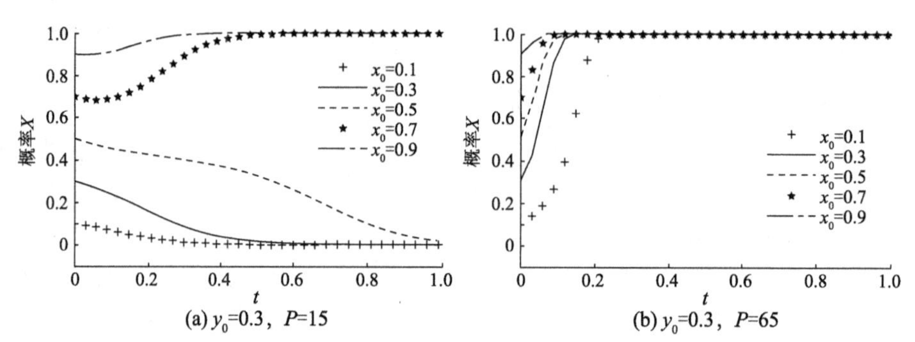

图 7-14　网络安全漏洞知识共享成本对演化结果的影响

7.5　本章小结

随着“工业 4.0”和“中国制造 2025”概念的提出，推进我国工业化和信息化的结合以及大力发展智能制造被提上日程。但是近年来针对工业控制系统的攻击技术呈现出日新月异的发展趋势，攻击手段更加先进，攻击范围更加广泛，产生的影响更加恶劣，给我国工业生产安全带来巨大的威胁，而目前我国工业互联网人才的稀缺，无疑使工业控制系统的安全防护雪上加霜，所以必须提高工业互联网安全漏洞的披露效率。本章运用演化博弈方法对工业互联网平台“白帽子”临时团队内的知识共享进行研究，模拟了各种情况下“白帽子”间知识共享的演化进程，发现“白帽子”临时团队间知识共享与知识共享成本、知识共享量、固有知识量、知识增值率、网络安全漏洞知识转化率、团队平均漏洞奖励率和获得团队奖励的概率等有关，为了促进工业互联网平台临时团队“白帽子”间的知识共享，工业互联网平台应从如下几方面进行改进：① 建立“白帽子”之间的快速信任，促进有效沟通，减少“白帽子”间的沟通成本，提高他们的共享意愿；② 组织学习和培训活动提高“白帽子”的知识共享能力和创造力；③ 平台制定更加高效的知识共享激励机制，吸纳更多的工业互联网人才，提高“白帽子”间的共享热情，如提高团队奖励的比率和提供品类丰富的可兑换物品等，同时建立高效的监督机构，对“搭便车”等投机行为进行监督和惩罚。

除此之外，漏洞修复是安全漏洞生命周期的最后一个也是最关键的节点，漏洞补丁的成功开发可以关上恶意利用相关漏洞的大门。厂商作为漏洞修复的主体，其能否在漏洞披露之前完成漏洞的修复不仅影响厂商本身的利益，也关乎用户乃至整个社会的利益。本章运用演化博弈方法对工业厂商之间的漏洞补丁合作开发策略进行建模分析，发现厂商合作开发漏洞补丁与厂商对共享补丁的吸收率、安全补丁数量和漏洞补丁溢出率、完全披露前黑客发起进攻的概率、入侵成功的概率、完全披露后黑客攻击能力提升倍数以及黑客入侵成功造成的损失、厂商“搭便车”行为造成的潜在损失等因素有关。其中，完全披露前黑客发起进攻的概率越大、合作开发漏洞补丁的成本越高，工业厂商选择合作开发漏洞补丁策略的概率就越小。

第8章　政策启示与研究展望

8.1　政策启示

2014年11月5日，中央网络安全和信息化领导小组办公室（中央网信办）在北京宣布，为帮助公众更好地了解、感知身边的网络安全风险，增强网络安全意识，提高网络安全防护技能，保障用户合法权益，共同维护国家网络安全，中央网络安全和信息化领导小组办公室（中央网信办）会同中央机构编制委员会办公室（中央编办）、教育部、科技部、工业和信息化部、公安部、中国人民银行、新闻出版广电总局等部门，于2014年起，每年举办国家网络安全宣传周。自2016年起，我国相继发布《中华人民共和国网络安全法》《国家网络空间安全战略》《网络空间国际合作战略》《信息安全技术　大数据安全管理指南》《网络安全审查办法》《云计算服务安全评估办法》《中华人民共和国电子签名法》《关键信息基础设施安全保护条例》《网络产品安全漏洞管理规定》等多项法规政策文件。

1. 强化安全人才培养

在2020年国家网络安全宣传周高峰论坛上，中国工程院院士吴建平表示，随着网络空间的不断发展，网络安全问题越来越明显，安全威胁越来越严重，加强基础研究和掌握核心技术是解决网络安全问题的关键。网络安全竞争实际上是高层次人才的竞争，但目前我国网络安全高层次人才十分稀缺。相关数据显示，截至2019年9月，我国网络安全人才缺口达70万人。目前，我国网络安全人才年培养规模在3万人左右。据专业机构测算，2020年我国网络安全从业人员需求数量为150万人，2027年为300万人。当前培养的网络安全人才的数量远远不能满足需求。只有强化培养网络安全人才，才能夯实网络安全的根基，更好地推动技术创新和产业发展。

如何有效地解决网络安全人才不足的问题，关键还是以产业发展、商业实践、市场需求为动力和准则，形成政府机构、学校、企业等多方紧密协作和共同参与的人才培养机制。在此基础上加强政策支持，建设网络安全人才队伍，培养创新人才；培养理论、实践、能力评定三位一体的网络空间安全高端人才；加强密码人才培养；加强具有实战能力的网络安全空间人才培养。

面向工业互联网安全领域的急需，制定工业互联网安全人才发展规划，不断发掘既懂业务又懂安全，既懂生产又懂大数据、人工智能等技术的复合型人才，着力培育高层次急需紧缺专业技术人才和高技能人才；通过引进和培养相结合，创新人才使用机制，完善网络安全人才培养配套措施，吸引国内外工业互联网安全领域高端人才；加强工业互联网安全相关学科建设，创新网络安全人才培养机制，加强全民网络安全意识与技能培养，培育技术人才和应用创新型人才；开展工业互联网安全工程师的培训和考试，树立专业人才认定，提升工业互联网安全人才环境。

2. *加强网络安全知识产权布局*

由于我国在网络通信技术方面起步较晚，基础技术研发周期长、投入大、见效慢，网络安全领域核心技术要在全球产业取得突破、改变受制于人的局面，必然要经历复杂的博弈过程。目前我国已经达成重要共识，就是以加强知识产权保护来维护创新者的合法权益，促进全社会在网络安全领域形成创新生态。

因此，针对我国网络安全领域的短板弱项，应运用新思想、新理论、新方法、新模型、新发现，完善网络安全知识产权布局，从“基础”“源头”锻造长板优势，扭转在网络安全技术方面受制于人的局面。一是加强基础理论和前沿技术研究，注重原创导向，充分发挥基础研究对网络安全的源头供给和引领作用。二是加强标准研制，围绕互联网数字化、全球化带来的安全发展要求，促进网络安全标准的和协议同步规划、同步制定，从适用性、先进性、规范性方面提高标准质量，加强标准信息服务能力和符合性测试能力，提升参与和塑造国际标准的能力和水平。三是健全知识产权风险评估体系，加强互联网全环节、全领域安全的专利布局，探索建立知识产权风险评估制度，充分发挥知识产权的应有作用，在网络安全专利许可、技术转让、开源软件风险测评、工业数据信息、商业秘密保护等方面加强预警，切实提升风险应对能力。在治理完善方面，应着重于建立预防、治理和惩戒三位一体的治理体系，以实现对网络安全问题的有效治理。在预防层面，要在网络安全问题进行清晰界定的基础上，对预防主体的职能、网络安全问题的检测方法和预警体系的建立等功能进行整合，形成高效的预防体系。在治理层面，要着重于体制的完善，建立集中有效的监管机制，同时以法律的形式对机构的功能进行保障。在惩戒层面，应将完善网络安全立法和强化追责机制有机结合起来，以确保对引发网络安全问题主体的震慑，实现对网络安全问题的有效治理。例如，因网络安全问题造成的一些损失较少的案件，部分监管部门处理案件的积极性不高，从侧面增加了问题解决的难度。同时，也要加强调研工作，掌握未来网络技术发展的方向，预测可能出现的问题，提前进行法律条文的制定和治理体系的调整。

3. 健全完善标准制度，强化安全事件应急管理

加快健全安全保障体系，强化工业互联网的安全保障能力。一是健全完善标准制度。发布工业互联网安全管理办法，明确工业互联网平台、标识解析、工业企业等安全管理要求，开展工业互联网相关标准、规范等的编制。二是完善技术监测体系。延伸省级工业互联网安全态势感知平台的监测能力，建设区级平台，扩大监测范围，覆盖区县一级公网侧关键节点流量数据以及重点规模工业企业，打造市、区、企业三级联动监测体系。提升分析能力，优化数据质量，确保安全监测准确有效，提高平台保障企业安全和支撑政府决策的能力。三是健全安全工作机制。完善威胁通报处置工作机制，及时向工信部、行业主管部门、重点工业企业、平台企业通报威胁信息，督促指导企业处置安全威胁，定期发布安全态势报告，实现安全事件协同联动。四是健全安全检查检测机制。定期对重点平台、工业企业、工业 App 开展检查检测，指导和服务企业排查安全隐患，及时做好安全整改，提高企业安全防护水平。

针对工业互联网安全事件频发的情况，要加快完善设备、系统、平台、应用安全等防护标准，完善监督检查、安全评估、检测认证等机制，提升整体安全防护能力。建立工业互联网安全应急机制，构建健全的工业互联网安全事件应急预案体系；推动应急技术建设，依托省级工业互联网安全态势感知平台，建设工业互联网威胁信息共享与突发事件应急管理平台，有效支持工业互联网安全应急协调指挥工作，加强漏洞数据库建设，提高漏洞收集、分析和处置能力，提高我国工业领域重要信息系统和软硬件产品的安全性。

4. 加快部署自主安全可控关键设备，提升安全防护水平

通过新基建建设，加快建成覆盖国家、地方、企业三级，防御一体化、使用个性化、安全服务化、响应智能化的工业互联网安全技术防控体系，同时鼓励支持安全企业面向工业互联网加强安全技术研发、成果转化和产品服务创新，提升安全技术产业支撑保障能力。

一是加紧推动设备内嵌安全机制。生产装备由机械化向高度智能化转变，内嵌安全机制将成为未来设备安全保障的突破点，通过安全芯片、安全固件、可信计算等技术，提供内嵌的安全能力，防止设备被非授权控制或功能安全失效。二是积极建立主动的、动态的网络安全防御机制，实现安全策略和安全域的动态调整，同时通过增加轻量级的认证、加密等安全机制。三是保障工业控制系统自动化、工业核心产品设备产业化、工控核心技术创新等各层面自主可控。四是通过工控软件及设备集成商、网络信息安全企业、政府部门之间的大数据协同，多行业、多领域的安全数据进行综合安全分析，保障企业数据不被泄露的同时，获得实时威胁情报和风险通报及解决方案。

5. 重视网络产品渠道安全

现如今，很多供应链产品、零部件、软件由上游向下游转移的过程都很依赖互联网，任一环节遭到攻击都可能在最终产品中引入软件缺陷或漏洞，埋下安全隐患。需重视供应链的渠道安全，要积极应对来自供应链各环节的供应渠道攻击和软件升级挟持攻击等安全威胁。

一是针对供应链上的各类渠道，设计针对性的安全防护措施，重点保障负责软件、产品交付的集中式分发渠道安全，支持软件供应商和用户及时识别恶意渠道。二是在正规渠道发布技术或产品，向用户提供可验证正确性的校验数据；在安装或升级软件时，校验相应安装包或升级模块的签名，防止软件升级劫持等风险。三是从正规渠道购买、下载软硬件，采用可信的第三方开源、商业库、算法，采购安全可信的软件外包服务等；关注所用组件的安全信息，针对已被披露的严重安全问题，通过配置或加入其他安全措施进行控制，及时升级相关组件，缓解安全影响。四是加强对合作第三方的安全管理，在合同或协议中明确双方的安全责任，要求合作第三方定期进行自评估并及时反馈评估结果。五是积极引入专业安全人才，设立专职的网络安全技术岗位、安全运营服务岗位；建立安全操作及运维管理制度，加强企业员工网络安全培训及审计，提升企业内部人员安全意识，避免由人员引入的工业互联网

供应链渠道劫持风险。

6. 鼓励上下游企业良性协同发展

工业互联网供应链涉及的实体和环节多样,受攻击面广;基于某些环节必然被突破的假设,需推动上下游企业联动协调、相融共生、协同发展,共同抵御层出不穷的网络攻击活动。一是深入调查研究工业互联网重点技术及核心企业上下游供应链关系,整合和优化供应商、制造商、经销商以及自主知识产权等各种资源信息。二是针对供应链薄弱环节和供需短板,围绕企业解决用工、原材料供应、物流、融资等需求,全面梳理并摸清堵点、难点,针对性施策,打通上下游关联环节,畅通供应链大循环。三是加强工业互联网上下游企业的产销对接,鼓励链上合作伙伴建立良性互动关系,链上企业坚持保障本环节的安全,形成企业间利益共享、风险共担、共同成长的生态群落,促进工业互联网供应链协同安全发展。四是在工业生产的各个环节建立检查点,将安全性评估列为必要评审项,严格遵守安全规范,防止因配置错误导致后门、漏洞等安全威胁;自主研发或采购的软硬件在投入使用前应经由独立的内部或外部测评组织进行安全性评估,及时解决所发现的问题。

当前国际环境日趋复杂,世界经贸格局的不确定性明显增加,我国互联网安全正在遭受严峻考验。作为世界上最大的发展中国家,我国拥有全球最全的工业门类、最多的工业设备、丰富的工业互联网生态,以及大量的工业和信息化人才。我国应充分利用这一优势条件,加强知识产权布局,加速开展信息技术应用创新产业体系建设,提升技术安全保障能力,重视渠道安全,鼓励上下游企业良性协同发展,优化安全发展环境;以技术和管理相结合的思路创新我国互联网安全发展路径,对网络安全进行有效治理。

8.2 研究展望

网络安全管理是一个涉及多学科的交叉研究领域,理论性与实践性均非常强。当前网络安全技术和管理等处在高速发展阶段,相关领域的知识在快速增长,研究的深度和广度不断加大,本书从信息学、管理学、博弈论等角度,研究了网络安全漏洞披露问题,这些研究还有待进一步深入。

(1) 网络安全漏洞披露风险传染路径分析。为使得研究成果更为科学,需在明晰网络安全漏洞披露风险内生机理的基础上,进一步探究网络安全风险如何在不同的利益相关主体间传染扩散。由于网络安全的复杂性,在分析过程中既要考虑风险的传导效应,又要考虑不同行为动机等中介变量对风险的影响。

(2) 网络安全披露与公司市值之间的关系以及披露动机等需要继续深入研究。近几年,随着公众的关注,许多公司网站上陆续开始公布信息安全事件及处置措施,在上市公司年报中也开始进行信息安全方面的披露,现有的研究中只有文献探讨了信息安全披露与公司市值之间的关系,但是什么原因导致了公司的信息安全披露行为? 网站披露和公司年报披露对公司市值的影响有什么不同? 这些问题在后续的研究中都应该继续深入探讨。

(3) 网络安全行为因素的研究。信息系统安全问题的产生更多是由人为因素所导致的,应从组织行为学的角度深入研究信息系统安全问题的产生原因、过程及控制等。由于样本不易获取,因而现有研究中关于黑客的文献大多没有实证,这也导致 MIS Quarterly 在 2010 年编辑评论文章中就呼吁将研究方向转移到黑客和内部计算机犯罪的非主流群体上,事实上,绝大部分的计算机犯罪都与这个群体有关。但是到目前为止,仅有少量的文献以黑客社区网站为数据来源,通过社会网络的视角研究黑客行为,由于数据源很不精确等原因,关于黑客和内部计算机犯罪的高质量研究还是非常匮乏。

(4) 软件供应链风险的管理流程软件供应链是一个复杂的系统, 具有多个环节,站在位于供应链最下游的用户角度,需要承受来自软件供应链的大量风险。作为大型组织、机构的用户尽管可能有一定的风险应对能力,也发展出了供应链风险的应对管理流程,但是作为个体的用户很难有应对风险的能力,因而需要强化软件供应链的信息安全管理。目前这方面的研究尚不充分,需要研究人员设计一套在保障供应链安全的基础上高效且可行的管理流程,并通过国家和行业层面予以推广。

(5) 信息安全管理制度化过程。在组织内部,由于大部分的业务部门认为信息安全是信息技术部门的问题,而信息安全策略往往又降低了信息系统的便利性,因此对信息安全的管理制度往往抱有抵触情绪,信息安全制度(策略)的产生过程通常伴随着各个部门权力博弈的过程。如何利用博弈论观点研究信息安全管理制度化的过程应该引起关注。

参考文献

[1] 黄道丽. 网络安全漏洞披露规则及其体系设计[J]. 暨南学报(哲学社会科学版), 2018,40(1): 94-106.

[2] 国家计算机网络应急技术处理协调中心. 2020年中国互联网网络安全报告[M]. 北京: 人民邮电出版社, 2021.

[3] 中共中央党史和文献研究院. 习近平关于网络强国论述摘编[M]. 北京: 中央文献出版社, 2021.

[4] LAAKSO M, TAKANEN A, RNING J. The vulnerability process: a tiger team approach to resolving vulnerability cases[C]. Proc. 11th FIRST Conf. Computer Security Incident Handling and Response, Brisbane, Australia, 1999.

[5] CAVUSOGLU H, CAVUSOGLU H, ZHANG J. Security patch management: share the burden or share the damage? [J]. Management Science, 2008, 54(4): 657-670.

[6] MITRA S, RANSBOTHAM S. Information disclosure and the diffusion of information security attacks [J]. Information Systems Research, 2015, 26(3): 565-584.

[7] 张明,杜运周. 组织与管理研究中QCA方法的应用:定位、策略和方向[J]. 管理学报,2019, 16(9): 1312-1323.

[8] 查尔斯 C. 拉金. 重新设计社会科学研究[M]. 杜运周,等译. 北京:机械工业出版社, 2019.

[9] ANDERSON R, MOORE T. The economics of information security[J]. Science Translational Medicine, 2006, 314(5799): 610-613.

[10] ACQUISTI A, GROSSKLAGS J. Privacy and rationality in individual decision making[J]. Security and Privacy, IEEE, 2005, 3(1): 26-33.

[11] ALPCAN T, BASAR T. A game theoretic approach to decision and analysis in network intrusion detection[C]//42nd IEEE International Conference on Decision and Control. IEEE, 2004(3): 2595-2600.

[12] CAVUSOGLU H, RAGHUNATHAN S. Configuration of detection software: A comparison of decision and game theory approaches[J]. Decision Analysis, 2004, 1(3): 131-148.

[13] CAVUSOGLU H, MISHRA B, RAGHUNATHAN S. The value of intrusion detection systems in information technology security architecture[J]. Information Systems Research, 2005,16(1):28-46.

[14] OGUT H, CAVUSOGLU H, RAGHUNATHAN S. Intrusion-detection policies for IT security breaches[J]. INFORMS Journal on Computing, 2008, 20(1): 112-123.

[15] 李天目，仲伟俊，梅姝娥. 网络入侵检测与实时响应的序贯博弈分析[J]. 系统工程, 2007,25(6):67-73.

[16] 李天目,仲伟俊,梅姝娥. 入侵防御系统管理和配置的检查博弈分析[J]. 系统工程学报, 2008, 23(5): 589-595.

[17] AUGUST T, TUNCA T I. Network software security and user incentives[J]. Management Science, 2006, 52(11): 1703-1720.

[18] BASS T, ROBICHAUX R. Defense-in-depth revisited: qualitative risk analysis methodology for complex network-centric operations[C]//2001 MILCOM Proceedings Communications for Network-Centric Operations: Creating the Information Force. IEEE, 2001, 1: 64-70.

[19] KEWLEY D L, LOWRY J. Observations on the effects of defense in depth on adversary behavior in cyber warfare[C]//Proceedings of the IEEE SMC Information Assurance Workshop, 2001: 1-8.

[20] HARRISON J V. Enhancing network security by preventing user-initiated malware execution[C]//International Conference on Information Technology: Coding and Computing (ITCC'05)-Volume II. IEEE, 2005, 2: 597-602.

[21] RUBEL P, IHDE M, HARP S, et al. Generating policies for defense in depth [C]//21st Annual Computer Security Applications Conference

(ACSAC'05). IEEE, 2005: 505-514.

[22] KUMAR R L, PARK S, SUBRAMANIAM C. Understanding the value of countermeasure portfolios in information systems security[J]. Journal of Management Information Systems, 2008, 25(2): 241-279.

[23] CAVUSOGLU H, RAGHUNATHAN S, CAVUSOGLU H. Configuration of and interaction between information security technologies: the case of firewalls and intrusion detection systems[J]. Information Systems Research, 2009, 20(2): 198-217.

[24] 孙薇. 组织信息安全投资中的博弈问题研究[D]. 大连:大连理工大学, 2008.

[25] NIEDERMAN F, BRANCHEAU J C. Information systems management issues for the 1990s[J]. MIS Quarterly, 1991, 15(4): 475-500.

[26] STRAUB D W. Effective IS security: an empirical study[J]. Information Systems Research, 1990, 1(3): 255-276.

[27] LOCH K D, CARR H H, WARKENTIN M E. Threats to information systems: today's reality, yesterday's understanding[J]. MIS Quarterly, 1992, 16(2): 173-186.

[28] STRAUB D W, WELKE R J. Coping with systems risk: security planning models for management decision making[J]. MIS Quarterly, 1998,22(4): 441-469.

[29] VARIAN H. System reliability and free riding[J]. Economics of information security, 2004,12: 1-15.

[30] ANDERSON R. Why information security is hard:an economic perspective [C]//17th Annualcomputer security Application Conference. IEEE,2001: 358-365.

[31] GORDON L A, LOEB M P. The economics of information security investment[J]. ACM Transactions on Information and System Security, 2002, 5(4): 438-457.

[32] BODIN L D, GORDON L A, LOEB M P. Evaluating information security investments using the analytic hierarchy process[J]. Communications of the ACM, 2005, 48(2): 78-83.

[33] GORDON L A, LOEB M P. Budgeting process for information security expenditures[J]. Communications of the ACM, 2006, 49(1): 121-125.

[34] DUTTA A, MCCROHAN K. Management's role in information security in a cyber economy[J]. California Management Review. 2002, 45(1): 67-87.

[35] BODIN L D, GORDON L A, LOEB M P. Evaluating information security investments using the analytic hierarchy process[J]. Communications of the ACM, 2005, 48(2): 78-83.

[36] PURSER S A. Improving the ROI of the security management process[J]. Computers & Security, 2004, 23(7): 542-546.

[37] KANKANHALLI A, TEO H, TAN B, et al. An integrative study of information systems security effectiveness[J]. International Journal of Information Management, 2003, 23(2): 139-154.

[38] GROSSKLAGS J, CHRISTIN N, CHUANG J. Secure or insure? A game-theoretic analysis of information security games[C]//Proceedings of the 17th international conference on World Wide Web, 2008: 209-218.

[39] HUANG C D, HU Q, BEHARA R S. An economic analysis of the optimal information security investment in the case of a risk-averse firm[J]. International Journal of Production Economics, 2008, 114(2): 793-804.

[40] KUNREUTHER H, HEAL G. Interdependent Security[J]. The Journal of Risk and Uncertainty, 2003(26): 231-249.

[41] CHEN P Y, KATARIA G, KRISHNAN R. Correlated failures, diversification, and information security risk management[J]. MIS Quarterly: Management Information Systems, 2011, 35(2): 397-422.

[42] 孙薇,孔祥维,何德全,等. 基于演化博弈论的信息安全攻防问题研究[J]. 情报科学, 2008(9): 1408-1412.

[43] 孙薇,孔祥维,何德全,等. 信息安全投资的演化博弈分析[J]. 系统工程, 2008, 26(6): 124-126.

[44] 孙薇,孔祥维,何德全,等. 组织信息安全投资博弈的均衡分析[J]. 运筹与管理, 2008, 17(5): 85-90.

[45] HAUSKEN K. Income, interdependence, and substitution effects affecting incentives for security investment[J]. Journal of Accounting and Public

Policy, 2006, 25(6): 629-665.

[46] BANDYOPADHYAY T, JACOB V, RAGHUNATHAN S. Information security in networked supply chains: impact of network vulnerability and supply chain integration on incentives to invest[J]. Information Technology and Management, 2010, 11(1): 7-23.

[47] GAO X, ZHONG W J, MEI S E. Security investment and information sharing under an alternative security breach probability function[J]. Information Systems Frontiers, 2015, 17(2): 423-438.

[48] CREMONINI M, NIZOVTSEV D. Risks and benefits of signaling information system characteristics to strategic attackers[J]. Journal of Management Information Systems, 2009, 26(3): 241-274.

[49] RANSBOTHAM S, MITRA S. Choice and chance: a conceptual model of paths to information security compromise[J]. Information Systems Research, 2009, 20(1): 121-139.

[50] PNG I P, WANG C, WANG Q. The deterrent and displacement effects of information security enforcement: international evidence[J]. Journal of Management Information Systems, 2008, 25(2): 125-144.

[51] MOOKERJEE V, MOOKERJEE R, BENSOUSSAN A, et al. When hackers talk: managing information security under variable attack rates and knowledge dissemination[J]. Information Systems Research, 2011, 22(3): 606-623.

[52] HUANG C D, BEHARA R S. Economics of information security investment in the case of concurrent heterogeneous attacks with budget constraints[J]. International Journal of Production Economics, 2013, 141(1): 255-268.

[53] GAO X, ZHONG W J, MEI S E. Information security investment when hackers disseminate knowledge[J]. Decision Analysis, 2013, 10(4): 352-368.

[54] KIM S H, WANG Q H, ULLRICH J B. A comparative study of cyberattacks[J]. Communications of the ACM, 2012, 55(3): 66-73.

[55] Pemberton J M. Video review: targets of opportunity: information security: the human factor[J]. Information Management Journal, 2002, 36(1): 79.

[56] ANDERSON J E, SCHWAGER P H. Security in the information systems curriculum: identification & status of relevant issues[J]. Journal of Computer Information Systems, 2002, 42(3):16.

[57] WHITMAN E M, PEREZ J, BEISE C. A study of user attitudes toward persistent cookies[J]. Journal of Computer Information Systems, 2001, 41(3): 1-7.

[58] ALBRECHTSEN E. A qualitative study of users' view on information security[J]. Computers and Security, 2007, 26(4): 276-289.

[59] D'ARCY J, HOVAV A, GALLETTA D. User awareness of security countermeasures and its impact on information systems misuse: a deterrence approach[J]. Information Systems Research, 2009, 20(1): 79-98.

[60] ALVES-FOSS J, BARBOSA S. Assessing computer security vulnerability[J]. ACM SIGOPS Operating Systems Review, 1995, 29(3): 3-13.

[61] BANDYOPADHYAY K, MYKYTYN P P, MYKYTYN K. A framework for integrated risk management in information technology[J]. Management Decision, 1999, 37(5): 437-445.

[62] STRAUB D W, WELKE R J. Coping with systems risk: security planning models for management decision making[J]. MIS Quarterly, 1998, 22(4): 441-469.

[63] ALPCAN T, BASAR T. A game theoretic approach to decision and analysis in network intrusion detection[C]//42th IEEE Conference on Decision and Control. IEEE, 2003, 3: 2595-2600.

[64] BANDYOPADHYAY T, JACOB V, RAGHUNATHAN S. Information security in networked supply chains: impact of network vulnerability and supply chain integration on incentives to invest[J]. Information Technology and Management, 2010, 11(1): 7.

[65] HAUSKEN K. Returns to information security investment: Endogenizing the expected loss[J]. Information Systems Frontiers, 2014, 16(2): 329-336.

[66] 刘芳. 信息系统安全评估理论及其关键技术研究[D]. 长沙:国防科学技术大学, 2005.

[67] 肖龙. 信息系统风险分析与量化评估[D]. 成都:四川大学, 2006.

[68] 赵柳榕,梅姝娥,仲伟俊. 基于风险偏好的两种信息安全技术配置策略[J]. 系统工程学报, 2014,29(3):324-333.

[69] 孙薇,孔祥维,何德全,等. 组织信息安全投资博弈的均衡分析[J]. 运筹与管理, 2008,17(5):85-90.

[70] 刘文臣,朱建明. 企业信息安全投资的博弈分析[J]. 湖北大学学报(哲学社会科学版), 2012,39(3):138-141.

[71] 冯楠,李敏强,解晶. 复杂网络信息系统安全资源优化配置研究[J]. 系统工程学报, 2010,25(2):145-151.

[72] 方玲,仲伟俊,梅姝娥. 安全等级对信息系统安全技术策略的影响研究:以防火墙和 IDS 技术组合为例[J]. 系统工程理论与实践, 2016,36(5):1231-1238.

[73] 方玲,仲伟俊,梅姝娥. 基于风险偏好的信息系统安全技术策略研究[J]. 科研管理, 2017,38(12):166-173.

[74] 顾建强,梅姝娥,仲伟俊. 考虑相互依赖性的信息系统安全投资及协调机制[J]. 运筹与管理, 2015,24(6):136-142.

[75] GORDON L A, LOEB M P, LUCYSHYN W. Sharing information on computer systems security: an economic analysis[J]. Journal of Accounting and Public Policy, 2003, 22(6): 461-485.

[76] GORDON L A, LOEB M P, LUCYSHYN W, et al. The impact of the Sarbanes-Oxley Act on the corporate disclosures of information security activities[J]. Journal of Accounting and Public Policy, 2006, 25(5): 503-530.

[77] GORDON L A, LOEB M P, SOHAIL T. Market value of voluntary disclosures concerning information security[J]. MIS Quarterly, 2010,134(3): 567-594.

[78] CHAN L,GARY F P,VERNON J R,et al. The consequences of information technology control weaknesses on management information systems: the case of sarbanes-oxley internal control reports[J]. MIS Quarterly, 2012, 36(1): 179-203.

[79] WANG T, KANNAN K N, ULMER J R. The association between the disclosure and the realization of information security risk factors[J]. Information systems research, 2013, 24(2): 201-218.

[80] GAL-OR E, GHOSE A. The economic incentives for sharing security information[J]. Information Systems Research, 2005, 16(2): 186-208.

[81] HAUSKEN K. Security investment, hacking, and information sharing between firms and between hackers[J]. Games, 2017, 8(2): 23.

[82] LIU D, JI Y, MOOKERJEE V. Knowledge sharing and investment decisions in information security[J]. Decision Support Systems, 2011, 52(1): 95-107.

[83] Tang Q, Whinston A B. Improving internet security through mandatory information disclosure[C]//2015 48th Hawaii International Conference on System Sciences. IEEE, 2015: 4813-4823.

[84] 王青娥,柴玄玄,张譞. 智慧城市信息安全风险及保障体系构建[J]. 科技进步与对策, 2018, 35(24): 20-23.

[85] KANNAN K, TELANG R. Market for software vulnerabilities? Think again[J]. Management Science, 2005, 51(5): 726-740.

[86] RANSBOTHAM S, MITRA S, RAMSEY J. Are markets for vulnerabilities effective? [J]. MIS Quarterly, 2012,36(1): 43-64.

[87] ARORA A, KRISHNAN R, TELANG R, et al. An empirical analysis of software vendors' patch release behavior: impact of vulnerability disclosure[J]. Information Systems Research, 2010, 21(1): 115-132.

[88] KINIS U. From responsible disclosure policy (RDP) towards state regulated responsible vulnerability disclosure procedure (hereinafter - RVDP): the latvian approach[J]. Computer Law and Security Review, 2018, 34(3): 508-522.

[89] CHOI J P, FERSHTMAN C, GANDAL N. Network security: vulnerabilities and disclosure policy[J]. The Journal of Industrial Economics, 2010, 58(4): 868-894.

[90] RUOHONEN J, RAUTI S, HYRYNSALMI S, et al. A case study on software vulnerability coordination[J]. Information and Software Technology, 2018, 103: 239-257.

[91] CHENG H, LIU J Y, YONG F, et al. A study on Web security incidents in China by analyzing vulnerability disclosure platforms[J]. Computers & Security, 2016, 58: 47-62.

[92] JOHNSON P, GORTON D, LAGERSTRÖM R, et al. Time between vulnerability disclosures: a measure of software product vulnerability[J]. Computers & Security, 2016, 62: 278-295.

[93] KANSAL Y, KAPUR P K, KUMAR U. Coverage - based vulnerability discovery modeling to optimize disclosure time using multiattribute approach [J]. Quality & Reliability Engineering International, 2019, 35(1): 62-73.

[94] RUOHONEN J, HYRYNSALMI S, LEPPÄNEN V. A mixed methods probe into the direct disclosure of software vulnerabilities[J]. Computers in Human Behavior, 2020, 103: 161-173.

[95] CAVUSOGLU H, CAVUSOGLU H, RAGHUNATHAN S. Efficiency of vulnerability disclosure mechanisms to disseminate vulnerability knowledge [J]. Software Engineering, IEEE Transactions on, 2007, 33(3): 171-185.

[96] CAVUSOGLU H, ZHANG J. Security patch management: can't live with it, can't live without it[C]. Proc. Workshop Information Technology and Systems, 2004.

[97] DEY D, LAHIRI A, ZHANG G. Optimal policies for security patch management[J]. Informs Journal on Computing, 2015, 27(3): 462-477.

[98] CHOUDHARY C, KAPUR P K, SHRIVASTAVA A K, et al. Two-dimensional generalized framework to determine optimal release and patching time of a software[J]. International Journal of Reliability, Quality and Safety Engineering, 2017, 24(6): 1740003. 1-1740003. 16.

[99] NARANG S, KAPUR P K, DAMODARAN D, et al. Bi-criterion problem to determine optimal vulnerability discovery and patching time[J]. International Journal of Reliability, Quality and Safety Engineering, 2018, 25 (1): 1850002. 1-185002. 16.

[100] BARRETT S, KONSYNSKI B. Inter-organization information sharing systems[J]. MIS Quarterly, 1982,16(4): 93-105.

[101] KUMAR K, VAN DISSEL H G, BIELLI P. The merchant of prato revisited: toward a third rationality of information systems[J]. MIS Quarterly,

1998,22(2): 199-226.

[102] KUMAR K, VAN DISSEL H G. Sustainable collaboration: managing conflict and cooperation in interorganizational systems[J]. MIS Quarterly, 1996,20(3): 279-300.

[103] BIER V, OLIVEROS S, SAMUELSON L. Choosing what to protect: strategic defensive allocation against an unknown attacker[J]. Journal of Public Economic Theory, 2007, 9(4): 563-587.

[104] THALMANN S, BACHLECHNER D, DEMETZ L, et al. Challenges in cross-organizational security management[C]//2012 45th Hawaii International Conference on System Sciences. IEEE, 2012: 5480-5489.

[105] WILLIAMS S P, HARDY C A, HOLGATE J A. Information security governance practices in critical infrastructure organizations: a socio-technical and institutional logic perspective[J]. Electronic Markets, 2013, 23(4): 341-354.

[106] 唐志豪,计春阳,胡克瑾. IT 治理研究述评[J]. 会计研究, 2008(05): 76-82.

[107] HUANG Z, ZAVARSKY P, RUHL R. An efficient framework for IT controls of bill 198 (Canada Sarbanes-Oxley) compliance by aligning COBIT 4.1, ITIL v3 and ISO/IEC 27002[C]//2009 International Conference on Computational Science and Engineering. IEEE, 2009, 3: 386-391.

[108] JEWER J, MCKAY K N. Antecedents and consequences of board IT governance: institutional and strategic choice perspectives[J]. Journal of the Association for Information Systems, 2012, 13(7): 581-617.

[109] SIMONSSON M, JOHNSON P, EKSTEDT M. The effect of IT governance maturity on IT governance performance[J]. Information Systems Management, 2010, 27(1): 10-24.

[110] NFUKA E N, RUSU L. The effect of critical success factors on IT governance performance[J]. Industrial Management & Data Systems, 2011, 111(9): 1418-1448.

[111] CHIU Y, HAN Y, LIU L, et al. Study on correlation between critical successful factors of IT governance and governance performance[J]. Journal

of Convergence Information Technology, 2011, 6(5): 329-338.
[112] TUREL O, BART C. Board-level IT governance and organizational performance[J]. European Journal of Information Systems, 2014, 23(2): 223-239.
[113] KIM S. Governance of information security: new paradigm of security management[J]. Computational Intelligerue in Information Assurarce and Security, 2007,57: 235-254.
[114] CHOOBINEH J, DHILLON G, GRIMAILA M R, et al. Management of information security: challenges and research directions[J]. Communications of the Association for Information Systems, 2007, 20(1): 958-971.
[115] ALGHAMDI S, WIN K T, VLAHU-GJORGIEVSKA E. Information security governance challenges and critical success factors: systematic review [J]. Computers & Security, 2020,99:102030.
[116] KUSUMAH P, SUTIKNO S, ROSMANSYAH Y. Model design of information security governance assessment with collaborative integration of COBIT 5 and ITIL (case study: INTRAC)[C]//2014 International Conference on ICT For Smart Society (ICISS). IEEE, 2014: 1-6.
[117] ZIA T A. Organisations capability and aptitude towards IT security governance[C]//2015 5th International Conference on IT Convergence and Security (ICITCS). IEEE, 2015: 1-4.
[118] D'ARCY J, HOVAV A, GALLETTA D. User awareness of security countermeasures and its impact on information systems misuse: a deterrence approach[J]. Information Systems Research, 2009, 20(1): 79-98.
[119] HERATH T, RAO H R. Encouraging information security behaviors in organizations: role of penalties, pressures and perceived effectiveness[J]. Decision Support Systems, 2009, 47(2): 154-165.
[120] BULGURCU B, CAVUSOGLU H, BENBASAT I. Information security policy compliance: an empirical study of rationality-based beliefs and information security awareness[J]. MIS Quarterly, 2010,34(3): 523-548.
[121] HU Q, DINEV T, HART P, et al. Managing employee compliance with information security policies: the critical role of top management and organ-

izational culture[J]. Decision Sciences, 2012, 43(4): 615-660.
[122] HSU C, LEE J N, STRAUB D W. Institutional influences on information systems security innovations[J]. Information Systems Research, 2012, 23(3): 918-937.
[123] HSU J S C, SHIH S P, HUNG Y W, et al. The role of extra-role behaviors and social controls in information security policy effectiveness[J]. Information Systems Research, 2015, 26(2): 282-300.
[124] LEE C H, GENG X J, RAGHUNATHAN S. Mandatory standards and organizational information security[J]. Information Systems Research, 2016, 27(1): 70-86.
[125] 尹建国. 美国网络信息安全治理机制及其对我国之启示[J]. 法商研究, 2013,30(2): 138-146.
[126] 陈美. 国家信息安全协同治理:美国的经验与启示[J]. 情报杂志, 2014,33(2): 10-14.
[127] 张涛,王玥,黄道丽. 信息系统安全治理框架:欧盟的经验与启示:基于网络攻击的视角[J]. 情报杂志,2016,35(8): 17-24.
[128] 董俊祺. 韩国网络空间的主体博弈对我国信息安全治理的启示:以韩国网络实名制政策为例[J]. 情报科学, 2016,34(4): 153-157.
[129] 蒋鲁宁. 信息安全供应链的安全[J]. 中国信息安全, 2014(3): 111.
[130] 谢宗晓,林润辉,王兴起. 用户参与对信息安全管理有效性的影响:多重中介方法[J]. 管理科学, 2013,26(3): 65-76.
[131] 林润辉,谢宗晓,吴波,等. 处罚对信息安全策略遵守的影响研究:威慑理论与理性选择理论的整合视角[J]. 南开管理评论, 2015, 18(4): 151-160.
[132] 林润辉,谢宗晓,王兴起,等. 制度压力、信息安全合法化与组织绩效:基于中国企业的实证研究[J]. 管理世界, 2016(2): 112-127,188.
[133] 陈昊,李文立,陈立荣. 组织控制与信息安全制度遵守:面子倾向的调节效应[J]. 管理科学, 2016,29(3): 1-12.
[134] HAKEN H. Information compression in biological systems[J]. Biological Cybernetics, 1987, 56(1): 11-17.
[135] HAKEN H. Information and self-organization: a macroscopic approach to

complex systems[M]. Berlin:Springer,2006.
[136] DONAHUE J D, ZECKHAUSER R. Public-private collaboration[M]. Oxford handbook of public policy. NY:Oxford University Press, 2006.
[137] EMERSON K, NABATCHI T, BALOGH S. An integrative framework for collaborative governance[J]. Journal of Public Administration Research and Theory, 2012, 22(1): 1-29.
[138] HUXHAM C. Pursuing collaborative advantage[J]. The Journal of the Operational Research Society, 1993,44(6): 599-611.
[139] HUXHAM C, VANGEN S. Managing to collaborate: the theory and practice of collaborative advantage[M]. London:Routledge, 2004.
[140] DUHAIME I M. Determinants of competitive advantage in the network organization form: a pilot study[J]. Journal of Economics and Business, 2002, 35(3): 413-440.
[141] 孙国强,范建红. 网络组织治理绩效影响因素的实证研究[J]. 数理统计与管理, 2012,31(2): 296-306.
[142] 孙国强,郭文兵,王莉. 网络组织治理结构对治理绩效的影响研究:以太原重型机械集团网络为例[J]. 软科学, 2014,28(12): 120-124.
[143] 李晓西,赵峥,李卫锋. 完善国家生态治理体系和治理能力现代化的四大关系:基于实地调研及微观数据的分析[J]. 管理世界, 2015(5): 1-5.
[144] 欧阳康. 推进国家治理体系和治理能力现代化[J]. 华中科技大学学报(社会科学版), 2015,29(1): 1-9.
[145] 闫慧丽. 网络组织制理机制对治理能力的影响研究[D]. 太原:山西财经大学, 2015.
[146] 别敦荣. 治理体系和治理能力现代化与高等教育现代化的关系[J]. 中国高教研究, 2015(01): 29-33.
[147] 杨浩,郑旭东,孟丹. 信息化教育中的IT治理:基于治理体系与治理能力的视角[J]. 中国电化教育, 2016(02): 74-79.
[148] 刘洪. 组织复杂性管理[M]. 北京:商务印书馆, 2011.
[149] POSEY C, ROBERTS T L, LOWRY P B, et al. Insiders' protection of organizational information assets: development of a systematics-based taxono-

my and theory of diversity for protection-motivated behaviors [J]. MIS Quarterly, 2013,37(4): 1189-1210.

[150] 柳玉鹏,曲世友. 组织内部员工信息安全胜任评价模型[J]. 运筹与管理, 2014,23(1): 151-156.

[151] KNAPP K J, MARSHALL T E, RAINER JR R K, et al. Information security effectiveness: conceptualization and validation of a theory[J]. International Journal of Information Security and Privacy, 2007, 1(2): 37-56.

[152] POSEY C, ROBERTS T L, LOWRY P B, et al. Bridging the divide: a qualitative comparison of information security thought patterns between information security professionals and ordinary organizational insiders [J]. Information and Management, 2014, 51(5): 551-567.

[153] CHEN Y, RAMAMURTHY K, WEN K W. Organizations' information security policy compliance: stick or carrot approach? [J]. Journal of Management Information Systems, 2012, 29(3): 157-188.

[154] D'ARCY J, HERATH T, SHOSS M K. Understanding employee responses to stressful information security requirements: a coping perspective [J]. Journal of Management Information Systems, 2014, 31(2): 285-318.

[155] VAN NIEKERK J F, SOLMS R V. Information security culture: a management perspective[J]. Computers & Security, 2010, 29(4): 476-486.

[156] NSOH M W, HARGISS K, HOWARD C. Information systems security policy compliance: an analysis of management employee interpersonal relationship and the impact on deterrence[J]. International Journal of Strategic Information Technology and Applications, 2015, 6(2): 12-39.

[157] 方放. 标准设定动因下高技术企业研发能力提升机理与评价研究[D]. 长沙: 湖南大学, 2009.

[158] GAO X, ZHONG W J. Information security investment for competitive firms with hacker behavior and security requirements[J]. Annals of Operations Research, 2015, 235(1): 277-300.

[159] HUI K L, HUI W, YUE W T. Information security outsourcing with system interdependency and mandatory security requirement[J]. Journal of Management Information Systems, 2012, 29(3): 117-155.

[160] 程煜,余燕雄. 信息系统攻防技术[M]. 北京:清华大学出版社, 2009.
[161] STAMP M. 信息安全原理与实践[M]. 2版. 张戈,译.北京: 清华大学出版社, 2013.
[162] 孙强,陈伟,王东红. 信息安全管理　全球最佳实务与实施指南[M]. 北京: 清华大学出版社, 2004.
[163] 罗云. 安全经济学[M]. 2版. 北京:化学工业出版社, 2010.
[164] 姜伟,方滨兴,田志宏,等. 基于攻防博弈模型的网络安全测评和最优主动防御[J]. 计算机学报, 2009, 32(4):817-827.
[165] GAL-OR E, GHOSE A. The economic incentives for sharing security information[J]. Information Systems Research, 2005, 16(2): 186-208.
[166] 张涛,吴冲. 信息系统安全漏洞研究[J]. 哈尔滨工业大学学报(社会科学版), 2008(4): 71-76.
[167] 王捷,喻潇,徐江珮. 工业控制系统漏洞扫描与挖掘技术研究[J]. 中国设备工程, 2018(3): 189-191.
[168] YOUNIS A, MALAIYA Y K, RAY I. Assessing vulnerability exploitability risk using software properties[J]. Software Quality Journal, 2016, 24(1): 159-202.
[169] JOH H C, MALAIYA Y K. A framework for software security risk evaluation using the vulnerability lifecycle and cvss metrics[C]//Proceedings of the 2011 International Conference on Security and Management, 2011: 430-434.
[170] ZHAO M, GROSSKLAGS J, CHEN K. An exploratory study of white hat behaviors in a web vulnerability disclosure program[C]//Proceedings of the 2014 ACM workshop on security information workers, 2014: 51-58.
[171] MAILLART T, ZHAO M, GROSSKLAGS J, et al. Given enough eyeballs, all bugs are shallow? Revisiting Eric Raymond with bug bounty programs[J]. Journal of Cybersecurity, 2017, 3(2): 81-90.
[172] HOUSEHOLDER A D, WASSERMANN G, MANION A, et al. The CERT guide to coordinated vulnerability disclosure[R]. Software Engineering Institute, 2017.
[173] LASZKA A, ZHAO M, GROSSKLAGS J. Banishing misaligned incentives

for validating reports in bug-bounty platforms[C]//European Symposium on Research in Computer Security. Springer, Cham, 2016: 161-178.

[174] ARORA A, TELANG R. Economics of software vulnerability disclosure [J]. Security and Privacy, IEEE, 2005, 3(1): 20-25.

[175] TEMIZKAN O, KUMAR R L, PARK S J, et al. Patch release behaviors of software vendors in response to vulnerabilities: an empirical analysis[J]. Journal of Management Information Systems, 2012, 28(4): 305-338.

[176] TELANG R, WATTAL S. An empirical analysis of the impact of software vulnerability announcements on firm stock price[J]. IEEE Transactions on Software Engineering, 2007, 33(8): 544-557.

[177] 李小武. 披露还是隐匿,这确实是个问题:软件安全漏洞的披露及法律责任[J]. 中国信息安全, 2016(7): 51-56.

[178] 钱坤,潘玥,黄忠全. 基于专利质押的 P2P 网贷信号博弈分析[J]. 软科学, 2018, 32(6): 108-112,118.

[179] 黄道丽,石建兵. 网络安全漏洞产业及其规制初探[J]. 信息安全与通信保密, 2017(3): 22-38.

[180] WEICK K E. Educational organizations as loosely coupled systems[J]. Administrative Science Quarterly, 1976,21(1): 1-19.

[181] CHEN P, KATARIA G, KRISHNAN R. Correlated failures, diversification, and information security risk management[J]. MIS Quarterly, 2011, 35(2): 397-422.

[182] 崔宝江. 软件供应链安全面临软件开源化的挑战[J]. 中国信息安全, 2018(11): 71-74.

[183] CAVUSOGLU H, CAVUSOGLU H, ZHANG J. Security patch management: share the burden or share the damage? [J]. Management Science, 2008, 54(4): 657-670.

[184] ANDERSON C, BASKERVILLE R L, KAUL M. Information security control theory: achieving a sustainable reconciliation between sharing and protecting the privacy of information[J]. Journal of Management Information Systems, 2017, 34(4): 1082-1112.

[185] GORDON L A, LOEB M P. The economics of information security invest-

ment[J]. Economics of Information Sewrity, 2004,12:105-125.

[186] 艺李,李新明,崔云飞. 软件脆弱性危险程度量化评估模型研究[J]. 计算机科学, 2011, 38(6): 169-172.

[187] GROSSKLAGS J, CHRISTIN N, CHUANG J. Secure or insure? A game-theoretic analysis of information security games[C]//Proceedings of the 17th international conference on World Wide Web, 2008: 209-218.

[188] 齐岳,廖科智,王治皓. 市场关注度、治理有效性与社会责任信息披露市场反应[J]. 管理学报, 2020, 17(10): 1523-1534.

[189] MITRA S, RANSBOTHAM S. Information disclosure and the diffusion of information security attacks[J]. Information Systems Research, 2015, 26(3): 565-584.

[190] 杜运周,贾良定. 组态视角与定性比较分析(QCA):管理学研究的一条新道路[J]. 管理世界, 2017(6): 155-167.

[191] FISS P C. Building better causal theories: a fuzzy set approach to typologies in organization research[J]. Academy of Management Journal, 2011, 54(2): 393-420.

[192] 张明,陈伟宏,蓝海林. 中国企业"凭什么"完全并购境外高新技术企业:基于94个案例的模糊集定性比较分析(fsQCA)[J]. 中国工业经济, 2019(4): 117-135.

[193] HUANG C D, BEHARA R S. Economics of information security investment in the case of concurrent heterogeneous attacks with budget constraints[J]. International Journal of Production Economics, 2013, 141(1): 255-268.